面向 21 世纪计算机专业本科系列教材配套教学参考系列

数字逻辑学习与解题指南

（第二版）

主编　欧阳星明

编者　欧阳星明　胡迎松　唐九飞　万　琳

华中科技大学出版社

中国·武汉

内 容 简 介

　　本书是与《数字逻辑》(第二版)教材配套的学习指导用书。编写该书的目的是：帮助读者加深对基本概念的理解、基本解题方法的掌握；启发逻辑思维能力；提高分析问题和解决问题的能力。

　　全书依次对基本知识、逻辑代数基础、集成门电路与触发器、组合逻辑电路、同步和异步时序逻辑电路、中规模通用集成电路、可编程逻辑器件等内容，分别按重点与难点、例题精选及自测练习3个部分进行编写。书中共编入例题和自测练习题近500题，其中精选例题89题，所有自测练习题均附有解答。通过引例的分析、求解，归纳、总结了各类问题的解题规律、方法和技巧。

　　本书可供高等院校计算机及有关专业本、专科师生作为教学和学习参考书，也是"数字逻辑"课程自学者的良好辅导教材。

前 言

"数字逻辑"是高等院校计算机、电子工程、通信、自动控制等专业的一门重要技术基础课程。设置该课程的主要目的是:使学生掌握数字逻辑电路分析与设计的基本方法,为数字计算机和其他数字系统的硬件分析与设计奠定坚实的基础。

本书是与《数字逻辑》教材配套的学习指导用书。编者根据多年来所积累的教学与实践经验,结合课程的知识要点和学生学习中感到困难的问题,进行了系统的分析与解答。对教材各章内容分别按重点与难点、例题精选和自测练习 3 部分编写。针对每章的重点与难点,通过引例的分析、求解,归纳、总结了各类问题的解题规律、方法和技巧。书中共编入例题和自测练习题近 500 题,其中精选例题 89 题。所有自测练习题均附有解答。全部习题的选择注意由浅入深,覆盖《数字逻辑》教材的整个知识面,并突出对重点与难点的分析。精选的例题注重对知识的综合运用及多种解题方法的灵活使用,且特别重视对学生的逻辑思维方法的训练和独立分析问题、解决问题能力的培养。

全书共分 9 章,前 8 章依次对应教材中的基本知识、逻辑代数基础、集成逻辑门与触发器、组合逻辑电路、同步时序逻辑电路、异步时序逻辑电路、中规模通用集成电路和可编程逻辑器件。第 9 章给出了两套模拟试题及解答。

本书第二版是在第一版的基础上修订完成的,由欧阳星明主编,胡迎松、唐九飞、万琳参与了该教材的编写工作。在本书编写过程中,华中科技大学出版社的同志给予了大力支持,在此表示衷心感谢。

由于水平有限,时间仓促,书中错误与疏漏之处恳请读者不吝指正。

编 者
2005 年 4 月于华中科技大学

目 录

第 1 章 基本知识 …………………………………………………… (1)

1.1 重点与难点 ……………………………………………………… (1)
1.1.1 基本概念 ………………………………………………… (1)
1.1.2 数制及常用数制的转换 ……………………………… (3)
1.1.3 带符号二进制数的代码表示 ………………………… (5)
1.1.4 常用的几种编码 ……………………………………… (7)
1.2 例题精选 ……………………………………………………… (9)
1.3 学习自评 ……………………………………………………… (13)
1.3.1 自测练习 ……………………………………………… (13)
1.3.2 自测练习解答 ………………………………………… (15)

第 2 章 逻辑代数基础 ……………………………………………… (17)

2.1 重点与难点 ……………………………………………………… (17)
2.1.1 基本概念 ………………………………………………… (17)
2.1.2 公理、定理和规则 ……………………………………… (19)
2.1.3 逻辑函数表达式的形式与变换 ……………………… (21)
2.1.4 逻辑函数的化简 ………………………………………… (24)
2.2 例题精选 ……………………………………………………… (26)
2.3 学习自评 ……………………………………………………… (33)
2.3.1 自测练习 ……………………………………………… (33)
2.3.2 自测练习解答 ………………………………………… (37)

第 3 章 集成门电路与触发器 …………………………………… (42)

3.1 重点与难点 ……………………………………………………… (42)
3.1.1 半导体器件的类型 …………………………………… (42)

　　　　3.1.2　半导体器件的开关特性 …………………………………… (43)

　　　　3.1.3　集成门电路 ……………………………………………… (45)

　　　　3.1.4　集成触发器 ……………………………………………… (46)

　3.2　例题精选 ………………………………………………………… (48)

　3.3　学习自评 ………………………………………………………… (59)

　　　　3.3.1　自测练习 ………………………………………………… (59)

　　　　3.3.2　自测练习解答 …………………………………………… (63)

第4章　组合逻辑电路 …………………………………………………… (69)

　4.1　重点与难点 ……………………………………………………… (69)

　　　　4.1.1　基本概念 ………………………………………………… (69)

　　　　4.1.2　组合逻辑电路的分析与设计方法 ……………………… (70)

　　　　4.1.3　组合逻辑电路中的竞争与险象 ………………………… (71)

　4.2　例题精选 ………………………………………………………… (72)

　4.3　学习自评 ………………………………………………………… (87)

　　　　4.3.1　自测练习 ………………………………………………… (87)

　　　　4.3.2　自测练习解答 …………………………………………… (91)

第5章　同步时序逻辑电路 ……………………………………………… (95)

　5.1　重点与难点 ……………………………………………………… (95)

　　　　5.1.1　基本概念 ………………………………………………… (95)

　　　　5.1.2　同步时序逻辑电路的分析与设计 ……………………… (97)

　　　　5.1.3　典型同步时序逻辑电路 ………………………………… (101)

　5.2　例题精选 ………………………………………………………… (102)

　5.3　学习自评 ………………………………………………………… (127)

　　　　5.3.1　自测练习 ………………………………………………… (127)

　　　　5.3.2　自测练习解答 …………………………………………… (132)

第6章　异步时序逻辑电路 ……………………………………………… (137)

　6.1　重点与难点 ……………………………………………………… (137)

　　　　6.1.1　特点与类型 ……………………………………………… (137)

　　　　6.1.2　脉冲异步时序逻辑电路 ………………………………… (138)

　　　　6.1.3　电平异步时序逻辑电路 ………………………………… (139)

　6.2　例题精选 ………………………………………………………… (142)

6.3 学习自评 ……………………………………………………………… (161)
    6.3.1 自测练习 ……………………………………………………… (161)
    6.3.2 自测练习解答 ………………………………………………… (168)

第7章 中规模通用集成电路及其应用 …………………………………… (176)

7.1 重点与难点 …………………………………………………………… (176)
    7.1.1 常用中规模组合逻辑电路 ……………………………………… (176)
    7.1.2 常用中规模时序逻辑电路 ……………………………………… (180)
    7.1.3 常用中规模信号产生与变换电路 ……………………………… (181)
7.2 例题精选 ……………………………………………………………… (183)
7.3 学习自评 ……………………………………………………………… (193)
    7.3.1 自测练习 ……………………………………………………… (193)
    7.3.2 自测练习解答 ………………………………………………… (197)

第8章 可编程逻辑器件 …………………………………………………… (202)

8.1 重点与难点 …………………………………………………………… (202)
    8.1.1 PLD 的基本概念 ……………………………………………… (202)
    8.1.2 常用 PLD 及其在逻辑电路设计中的应用 …………………… (203)
    8.1.3 ISP 技术 ………………………………………………………… (206)
8.2 例题精选 ……………………………………………………………… (207)
8.3 学习自评 ……………………………………………………………… (218)
    8.3.1 自测练习 ……………………………………………………… (218)
    8.3.2 自测练习解答 ………………………………………………… (223)

第9章 模拟试题及解答 …………………………………………………… (229)

模拟试卷 I ………………………………………………………………… (229)
模拟试卷 I 解答 …………………………………………………………… (233)
模拟试卷 II ………………………………………………………………… (236)
模拟试卷 II 解答 …………………………………………………………… (240)

参考文献 ………………………………………………………………… (244)

第1章 基本知识

知识要点

- 数字系统的基本概念
- 进位计数制及几种常用数制的转换
- 带符号二进制数的代码表示形式
- 数字系统中常用的几种编码

1.1 重点与难点

1.1.1 基本概念

1. 数字信号

数字信号是在两个稳定状态之间作阶跃式变化的信号,有时又称为离散信号。它有电位型和脉冲型两种表示形式。电位型是用信号的电位高低表示数字"1"和"0";脉冲型是用脉冲的有无表示数字"1"和"0"。

2. 数字电路

对数字信号进行传递、变换、运算、存储以及显示等处理的电路称为数字电路。由于数字电路不仅能对信号进行数值运算,而且具有逻辑运算和逻辑判断的功能,所以又称为数字逻辑电路,或者逻辑电路。

3. 数字系统

数字系统是由实现各种功能的逻辑电路互相连接构成的整体,它能交互式地处理用离散形式表示的信息。例如,数字计算机就是一种最典型的数字系统。显然,数字系统的功能、规模均远远超出一般的数字逻辑电路。

4. 数字逻辑电路的分类

数字逻辑电路有许多种不同的分类方法,常用的方法有两种。一种是根据电路的功能特点分类,另一种是根据电路的集成规模分类。

(1) 根据电路功能特点分类

根据数字逻辑电路有无记忆功能,可分为组合逻辑电路和时序逻辑电路两类。

组合逻辑电路在任意时刻产生的稳定输出值仅取决于该时刻电路输入值的组合,而与电路过去的输入值无关。例如,数字系统中常用的译码器、数据选择器等。组合逻辑电路又可根据输出端个数的多少进一步分为单输出和多输出组合逻辑电路。

时序逻辑电路在任意时刻产生的稳定输出值不仅与该时刻电路的输入值有关,而且与电路过去的输入值有关。例如,数字系统中常用的计数器、寄存器等。时序逻辑电路又可根据电路中有无统一的定时信号进一步分为同步时序逻辑电路和异步时序逻辑电路。

(2) 根据电路集成规模分类

目前,数字系统中的各种逻辑部件都是采用数字集成电路芯片构成的。因此,可按照芯片集成度的高低(即同一块芯片上制作的逻辑门电路或元器件数量的多少)对数字逻辑电路进行分类,如表 1.1 所示。值得指出的是:表中作为分类依据的器件数目不是绝对的数量概念,而仅仅是一个大致范围。

表 1.1 数字集成电路分类

类 别	集 成 度	应 用 电 路
小规模集成电路 (SSI)	TTL 系列:(1~10)门/片 MOS 系列:(10~100)元件/片	通常为基本逻辑单元电路,如逻辑门电路、触发器等
中规模集成电路 (MSI)	TTL 系列:(10~100)门/片 MOS 系列:(100~1000)元件/片	通常为逻辑功能部件,如译码器、编码器、计数器等
大规模集成电路 (LSI)	TTL 系列:(100~1000)门/片 MOS 系列:(1000~10000)元件/片	通常为一个小的数字系统或子系统,如 CPU、存储器等
超大规模集成电路 (VLSI)	TTL 系列:>1000 门/片 MOS 系列:>10000 元件/片	通常可构成一个完整的数字系统,如单片微处理机

5. 数字系统中的两种运算类型

数字系统中有**算术运算**和**逻辑运算**两种不同的运算类型。算术运算是为了对数据信息加工处理而进行的,其数学基础是二进制数的运算;逻辑运算是为了实现对各种逻辑关系的描述以及各种不同的功能控制而进行的,其数学基础是逻辑代数。表1.2对两种运算进行了简单比较。为什么可以采用逻辑设计方法设计算术运算电路呢?分析表1.2可知,尽管两者的运算性质和运算方法互不相同,但从变量取值范围看,二进制数每位的数码取数值0或1,逻辑代数中每个变量也取状态值0或1,两者均有二值性。据此,可从两者的共性出发,利用一个逻辑变量取代一位二进制数码,用逻辑设计方法构造出实现二进制算术运算的电路。

表 1.2 两种运算的比较

比较项目	二进制算术运算	逻辑运算
变量取值范围	表示一位二进制数的变量取数值0或1	每个逻辑变量取状态值0或1
运算性质	数值运算 (对数据进行加工处理)	逻辑判断 (实现各种功能控制)
基本运算	加、减、乘、除四则运算	与、或、非逻辑运算

6. 数字逻辑电路中研究的主要问题

数字逻辑电路中研究的主要问题是**电路输出信号状态与输入信号状态之间的逻辑关系**。研究内容分为两个方面:一是了解一个给定电路所实现的逻辑功能,称为逻辑电路分析;二是根据实际问题提出的功能要求,构造出实现指定功能的电路,称为逻辑电路设计。分析和设计数字逻辑电路的理论基础是逻辑代数。

1.1.2 数制及常用数制的转换

1. 数制

数制是人们对数量计数的一种统计规律。任何一种数制都包含着**基数、进位规则及位权**3个特征。基数是指数制中所采用的数字符号个数,基数为 R 的数制称为 R 进制。R 进制中有 $0\sim(R-1)$ 共 R 个数字符号,进位规律是"逢 R 进一",一个 R 进制数 N 可表示为

$$(N)_R = (K_{n-1}K_{n-2}\cdots K_1K_0.K_{-1}\cdots K_{-m})_R$$ 并列表示法(位置记数法)

或 $$(N)_R = \sum_{i=-m}^{n-1} K_i R^i$$ 多项式表示法(按权展开式)

式中,R 为基数;K_i 为 $0\sim(R-1)$ 中的任何一个字符;n 为整数部分位数;m 为小数部分位数;R^i 为第 i 位的位权。

由此可见，R 进制的特征如下：
① 基数为 R，从 0 至 $R-1$ 共有 R 个字符；
② 进位规律是"逢 R 进一"，"10"表示 R；
③ 各位数字的位权为 R^i，$i=-m\sim(n-1)$。

数字系统中所采用的数制并不是人们习惯的十进制而是二进制。二进制的优点是易于实现、运算简单、存储和传递方便可靠，缺点是书写、识别不方便。为了克服二进制的不足，人们通常采用八进制和十六进制作为二进制的缩写。表 1.3 列出了十(DEC)、二(BIN)、八(OCT)、十六(HEX)4 种常用数制的特点。

表 1.3 4 种常用数制的特点

数制	字符	进位规则	表示形式	位权
十进制 (DEC)	0~9	逢十进一 (10 表示十)	$(N)_{10}=(K_{n-1}\cdots K_0.K_{-1}\cdots K_{-m})_{10}$ $=\sum_{i=-m}^{n-1}K_i\times 10^i$	10^i
二进制 (BIN)	0~1	逢二进一 (10 表示二)	$(N)_2=(K_{n-1}\cdots K_0.K_{-1}\cdots K_{-m})_2$ $=\sum_{i=-m}^{n-1}K_i\times 2^i$	2^i
八进制 (OCT)	0~7	逢八进一 (10 表示八)	$(N)_8=(K_{n-1}\cdots K_0.K_{-1}\cdots K_{-m})_8$ $=\sum_{i=-m}^{n-1}K_i\times 8^i$	8^i
十六进制 (HEX)	0~9 A~F	逢十六进一 (10 表示十六)	$(N)_{16}=(K_{n-1}\cdots K_0.K_{-1}\cdots K_{-m})_{16}$ $=\sum_{i=-m}^{n-1}K_i\times 16^i$	16^i

2. 数制转换

不同数制只不过是按一定规律对数进行描述的不同形式。同一个数可以用不同的进位制表示，即它们可以相互转换。

数制转换有两种基本方法，一种是**多项式替代法**，另一种是**基数乘除法**。

(1) 多项式替代法

该法用于将一个任意进制数转换成十进制数。采用多项式替代法将一个 R 进制数转换成十进制数时，只需将 R 进制数按权展开，求出各位数值之和，即可得到相应十进制数。

(2) 基数乘除法

该法用于将一个十进制数转换成任意进制数。采用基数乘除法将一个既包含整数部分,又包含小数部分的十进制数转换成 R 进制数时,应对整数部分和小数部分分别处理。整数部分转换的方法是"**除 R 取余,逆序排列**"法,即将十进制整数反复除 R,依次列出余数,先得到的余数是相应 R 进制整数的低位,后得到的余数是相应 R 进制整数的高位;小数部分转换的方法是"**乘 R 取整,顺序排列**"法,即将十进制小数反复乘 R,依次列出所得整数,先得到的是相应 R 进制小数的高位,后得到的是相应 R 进制小数的低位。

关于二进制与八进制或十六进制之间的转换,只需要以小数点为界,进行 3 位二进制对应 1 位八进制或 4 位二进制对应 1 位十六进制的按位变换。常用的二、八、十、十六进制之间相互转换的方法如图 1.1 所示。

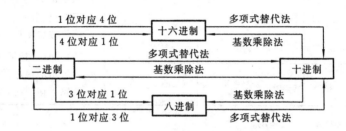

图 1.1 4 种常用数制相互转换方法

1.1.3 带符号二进制数的代码表示

1. 真值与机器数

(1) 真值

真值是指在数值前面用"+"号表示正数,用"-"号表示负数的带符号二进制数。

(2) 机器数

机器数是指在数字系统中用"0"表示符号"+",用"1"表示符号"-",即把符号"数值化"后的带符号二进制数。

2. 机器数的 3 种常用代码

数字系统中常用的机器数有**原码、反码和补码** 3 种类型。表 1.4 和表 1.5 分别列出了带符号二进制整数和小数的原码、反码、补码的定义、代码形式及特点。

表 1.4 带符号二进制整数的原码、反码和补码

代码类型	数值范围	定义	代码形式	特点
原码	$0 \leqslant X < 2^n$	$[X]_原 = X$	$0X_{n-1}X_{n-2}\cdots X_0$	• 仅符号数值化,数值位不变 • "0"有两种形式 • 运算不方便
	$-2^n < X \leqslant 0$	$[X]_原 = 2^n - X$	$1X_{n-1}X_{n-2}\cdots X_0$	
反码	$0 \leqslant X < 2^n$	$[X]_反 = X$	$0X_{n-1}X_{n-2}\cdots X_0$	• 正数的符号位为0,数值位不变;负数的符号位为1,数值位按位变反 • "0"有两种形式 • 运算较方便
	$-2^n < X \leqslant 0$	$[X]_反 = 2^{n+1} - 1 + X$	$1\overline{X}_{n-1}\overline{X}_{n-2}\cdots \overline{X}_0$	
补码	$0 \leqslant X < 2^n$	$[X]_补 = X$	$0X_{n-1}X_{n-2}\cdots X_0$	• 正数的符号位为0,数值位不变;负数的符号位为1,数值位按位变反,末位加1 • "0"只有一种形式 • 可表示的最小数为-2^n • 运算方便
	$-2^n \leqslant X < 0$	$[X]_补 = 2^{n+1} + X$	$1\overline{X}_{n-1}\overline{X}_{n-2}\cdots \overline{X}_0 + 1$	

注:表中 $X = \pm X_{n-1}X_{n-2}\cdots X_0$。

表 1.5 带符号二进制小数的原码、反码和补码

代码类型	数值范围	定义	代码形式	特点
原码	$0 \leqslant X < 1$	$[X]_原 = X$	$0.X_{-1}X_{-2}\cdots X_{-m}$	• 仅符号数值化,数值位不变 • "0"有两种形式 • 运算不方便
	$-1 < X \leqslant 0$	$[X]_原 = 1 - X$	$1.X_{-1}X_{-2}\cdots X_{-m}$	
反码	$0 \leqslant X < 1$	$[X]_反 = X$	$0.X_{-1}X_{-2}\cdots X_{-m}$	• 正数的符号位为0,数值位不变;负数的符号位为1,数值位按位变反 • "0"有两种形式 • 运算较方便
	$-1 < X \leqslant 0$	$[X]_反 = 2 - 2^{-m} + X$	$1.\overline{X}_{-1}\overline{X}_{-2}\cdots \overline{X}_{-m}$	
补码	$0 \leqslant X < 1$	$[X]_补 = X$	$0.X_{-1}X_{-2}\cdots X_{-m}$	• 正数的符号位为0,数值位不变;负数的符号位为1,数值位按位变反,末位加1 • "0"只有一种形式 • 可表示的最小数为-1 • 运算方便
	$-1 \leqslant X < 0$	$[X]_补 = 2 + X$	$1.\overline{X}_{-1}\overline{X}_{-2}\cdots \overline{X}_{-m} + 2^{-m}$	

注:表中 $X = \pm 0.X_{-1}X_{-2}\cdots X_{-m}$。

3. 真值、原码、反码和补码的相互转换

带符号二进制数的真值、原码、反码和补码之间的相互转换如图 1.2 所示。

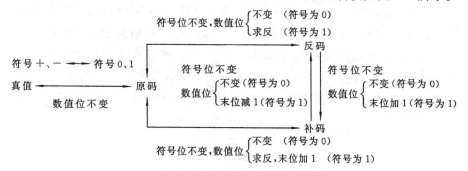

图 1.2　真值、原码、反码和补码之间的相互转换

1.1.4　常用的几种编码

1. 十进制数的二进制编码（BCD 码）

数字系统中常用的 BCD 码有 8421 码、2421 码和余 3 码。3 种编码的特点可归纳如下。

① 3 种 BCD 码都是用 4 位二进制代码表示 1 位十进制数，每种编码均有 6 种组合不允许出现。其中：

8421 码不允许出现 1010～1111 六种组合，

$$(a_3 a_2 a_1 a_0)_{8421码} = (8a_3 + 4a_2 + 2a_1 + a_0)_{10}$$

2421 码不允许出现 0101～1010 六种组合，

$$(a_3 a_2 a_1 a_0)_{2421码} = (2a_3 + 4a_2 + 2a_1 + a_0)_{10}$$

余 3 码不允许出现 0000～0010,1101～1111 六种组合，

$$(a_3 a_2 a_1 a_0)_{余3码} = (8a_3 + 4a_2 + 2a_1 + a_0)_{10} - (3)_{10}$$

② 3 种 BCD 码与十进制数之间的转换是以 4 位对应 1 位，直接进行变换。1 个 n 位十进制数对应的 BCD 码一定为 $4n$ 位。

③ 2421 码和余 3 码均为"对 9 的自补代码"。

应该强调的是，BCD 码不是二进制数，而是用二进制编码的十进制数。

2. 可靠性编码

(1) Gray 码

Gray 码有许多种，各种 Gray 码的共同特点是任意两个相邻码之间只有一位

不同,这一特点可以减少代码在形成和变化时所引起的错误。

常用的一种典型 n 位 Gray 码为 $G_{n-1}G_{n-2}\cdots G_0$,它所表示的最小数 0 和最大数 2^n-1 之间也只有 1 位不同,故又称为循环码。循环码的每一位都以固定周期进行循环,G_0 位的循环周期是"0110",G_1 位的循环周期是"00111100",G_2 位的循环周期是"0000111111110000",依此类推,G_i 位的循环周期由 2^{i+2} 位组成,并且以 2^{i+1} 位处为轴,形成对称关系,轴的两边各有 2^i 个 0 和 2^i 个 1,这一特性称为反射性,故循环码又称为反射码。图 1.3 给出了典型 Gray 码的循环周期和反射关系。由此可见,典型 Gray 码具有单距离特性(相邻码仅一位不同)、循环特性和反射特性。

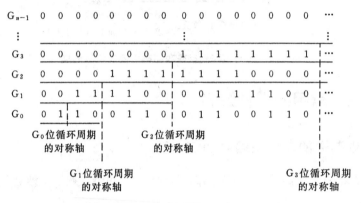

图 1.3 典型 Gray 码的循环周期和反射关系

典型 Gray 码与二进制数之间可通过"异或"运算(运算符为"$\oplus$")进行转换。设 n 位二进制数 $B=B_{n-1}B_{n-2}\cdots B_0$ 对应的 Gray 码为 $G=G_{n-1}G_{n-2}\cdots G_0$,则有

$$\begin{cases} G_{n-1}=B_{n-1} \\ G_i=B_{i+1}\oplus B_i \end{cases} \qquad i=0\sim(n-2)$$

反之有

$$\begin{cases} B_{n-1}=G_{n-1} \\ B_i=B_{i+1}\oplus G_i \end{cases} \qquad i=0\sim(n-2)$$

式中,"$\oplus$"运算的运算法则如下:

$$0\oplus 0=0 \qquad\qquad 0\oplus 1=1$$
$$1\oplus 0=1 \qquad\qquad 1\oplus 1=0$$

(2) 奇偶检验码

功能　检查信息在传送过程中是否产生错误。

组成　n 位信息位加 1 位检验位。

编码规则　分为奇检验和偶检验两种编码方式。若采用奇检验,则检验位的取值应使整个代码中含"1"的个数为奇数;若采用偶检验,则检验位的取值应使整个代码中含"1"的个数为偶数。

检验原理 在发送端对 n 位信息编码,产生1位检验位,形成 $n+1$ 位信息发往接收端;在接收端检测 $n+1$ 位信息中含"1"的个数是否与约定的奇偶相符,若相符则判定为正确,否则判定为错误。

奇偶检验码的优点是编码简单,相应的编码电路和检测电路也简单。但它存在两点不足,一是发现错误后不能对错误定位,所以在接收端不能对错误进行纠正;二是只能发现单错,不能发现双错。

(3) 字符编码

数字系统中对数字、字母和符号进行处理时,需要采用字符编码。最常用的字符编码有美国信息交换标准代码 ASCII 码,它采用 7 位二进制编码表示 10 个十进制数字、26 个英文字母、通用运算符及标点符等共 128 种符号。

1.2 例 题 精 选

例 1-1 一个 n 位无符号二进制整数能表示的十进制数范围有多大?表示一个最大 3 位十进制数至少需要多少位二进制数?

解 n 位无符号二进制数的取值可以从 n 位全 0 到 n 位全 1,相应的十进制数为 $0 \sim (2^n-1)$。

最大 3 位十进制数为 999,由于 $2^{10} > 999 > 2^9$,所以表示一个最大 3 位十进制数至少需要 10 位二进制数。

例 1-2 将二进制数 11110111 转换成十进制数和八进制数。

解 任意进制数转换成十进制数的基本方法是**多项式替代法**。根据该方法可对给定二进制数按权展开求和,得到相应的十进制数,具体解法如下:

$$(11110111)_2 = 1\times 2^7+1\times 2^6+1\times 2^5+1\times 2^4+0\times 2^3+1\times 2^2+1\times 2^1+1\times 2^0$$
$$= 128+64+32+16+0+4+2+1$$
$$= (247)_{10}$$

另一种方法是根据给定二进制数的特点进行转换。该 8 位二进制数的特点是从第 0 位到第 7 位除了第 3 位为 0 外,其余位全部为 1。当 8 位全部为 1 时,所表示的十进制数为 $2^8-1=255$,而第 3 位的权为 $2^3=8$,由此可直接求出相应的十进制数为 $255-8=247$。

其次,根据二进制数与八进制数之间的转换方法,可从二进制整数的最低位开始,按每 3 位为一组(高位组不足 3 位时在最高位前添 0)写出相应的八进制数即

可,具体解法如下:

$$(\underbrace{0\ 1\ 1}_{3}\ \underbrace{1\ 1\ 0}_{6}\ \underbrace{1\ 1\ 1}_{7})_2$$
$$(\quad 3 \quad\quad 6 \quad\quad 7\quad)_8$$

例 1-3 试判断一个 8 位二进制数 $B=b_7b_6b_5b_4b_3b_2b_1b_0$ 所对应的十进制数能否被 $(8)_{10}$ 整除?

解 先求出给定二进制数所对应的十进制数,再除以 8,若余数为 0,即表示该数能被 $(8)_{10}$ 整除。设与二进制数 B 对应的十进制数为 D,则有

$$D=b_7\times 2^7+b_6\times 2^6+b_5\times 2^5+b_4\times 2^4+b_3\times 2^3+b_2\times 2^2+b_1\times 2^1+b_0$$
$$=(b_7\times 2^4+b_6\times 2^3+b_5\times 2^2+b_4\times 2^1+b_3)\times 2^3+b_2\times 2^2+b_1\times 2^1+b_0$$

将等式两边同除以 8,得

$$\frac{D}{8}=b_7\times 2^4+b_6\times 2^3+b_5\times 2^2+b_4\times 2^1+b_3+\frac{b_2\times 2^2+b_1\times 2^1+b_0}{8}$$

由此可知,只要给定二进制数的 $b_2=b_1=b_0=0$,即可被 $(8)_{10}$ 整除。

例 1-4 将十进制数 80.125 转换成二进制数和十六进制数。

解 十进制数转换成任意进制数的基本方法是**基数乘除法**,根据该法将 $(80.125)_{10}$ 转换成二进制和十六进制数的过程如下:

```
2 | 80 … 0              0.125
2 | 40 … 0            ×     2
2 | 20 … 0             ⓪.250
2 | 10 … 0            ×     2
2 |  5 … 1             ⓪.500
2 |  2 … 0            ×     2
     1                 ①.000
```

即 $(80.125)_{10}=(1010000.001)_2$

```
16 | 80 … 0             0.125
      5               ×    16
                       ②.000
```

即 $(80.125)_{10}=(50.2)_{16}$

在掌握基本方法的基础上,针对具体问题可灵活处理。本例通过对给定二进制数的分析来简化转换过程,具体解法如下:

因 $(80.125)_{10}=64+16+0.125$
$$=2^6+2^4+2^{-3}$$

又因 $2^6=(1000000)_2$ $2^4=(10000)_2$ $2^{-3}=(0.001)_2$

所以　　　　　　$(80.125)_{10} = (1010000.001)_2$

求出给定十进制数对应的二进制数后,就可根据二进制数与十六进制数之间的转换方法,求出相应的十六进制数,具体解法如下:

$$(\underbrace{0101}_{5} \underbrace{0000}_{0} . \underbrace{0010}_{2})_2$$
$$(\qquad 5 \qquad 0 \qquad . \qquad 2 \qquad)_{16}$$

即　$(80.125)_{10} = (50.2)_{16}$

例 1-5　求十进制数 $D = -\dfrac{13}{64}$ 的二进制补码。

解　对一个给定的十进制分数,求相应二进制数补码的一般步骤是:

① 将十进制分数用小数表示;
② 采用**乘 2 取整**,顺序排列法将十进制小数转换成二进制小数;
③ 根据补码求取方法,得到二进制小数的补码。

该例的求解过程如下:

① $D = -\dfrac{13}{64} = -0.203125$;

② 对 -0.203125 反复乘 2 取整(共乘 6 次,过程略),得到 $D = (-0.001101)_2$;

③ $[D]_{补码} = 1.110011$。

显然,上述过程中的①、②两步是比较麻烦的。

仔细分析,不难找出求解该题的一种更简便的方法。题中 $D = -\dfrac{13}{64} = -\dfrac{13}{2^6}$,因为二进制数除以 2^i 相当于小数点左移 i 位,所以只需先写出 -13 对应的二进制数 -1101,然后将小数点左移 6 位,便可得到 D 的二进制小数 -0.001101,再对其求补码得到 $[D]_{补} = 1.110011$。

例 1-6　已知某数 x 的机器数形式为 1.1111,试问该数的真值 x=?

解　常用的机器数有原码、反码和补码 3 种代码形式。对于某一负数而言,3 种代码的符号位均为 1,数值位各不相同;反之,对于某一个符号位为 1 的机器数,根据所采用的代码的不同,表示的真值也不同。该问题中未指明给定机器数的代码形式,所以,应分 3 种不同情况求解,具体解法如下:

若机器数为原码,则 x=-0.1111;

若机器数为反码,则 x=-0.0000;

若机器数为补码,则 x=-0.0001。

例 1-7　求出与二进制数 B=10000111.11 对应的 8421 码。

解　8421 码是用 4 位二进制编码表示 1 位十进制数字的 BCD 码,所以,求给定二进制数的 8421 码应首先将给定二进制数转换为十进制数,然后再求相应十进制数的 8421 码。

因 $(10000111.11)_2 = 2^7 + 2^2 + 2^1 + 2^0 + 2^{-1} + 2^{-2}$
$= (135.75)_{10}$

又因 $(135.75)_{10} = (000100110101.01110101)_{8421码}$

所以 $(10000111.11)_2 = (000100110101.01110101)_{8421码}$

例 1-8 已知某数的余 3 码为 100010101001,求出与之对应的二进制数,并将所得二进制数转换为典型 Gray 码。

解 余 3 码是用 4 位二进制编码表示 1 位十进制数字的 BCD 码,求余 3 码对应的二进制数应首先求出它所表示的十进制数,然后再将所得十进制数转换成二进制数。

因 $(100010101001)_{余3码} = (576)_{10}$

又因 $(576)_{10} = 512 + 64$
$= 2^9 + 2^6$
$= (1001000000)_2$

所以 $(100010101001)_{余3码} = (1001000000)_2$

根据二进制数与典型 Gray 码之间的转换公式,可求出所得二进制数对应的典型 Gray 码,具体解法如下:

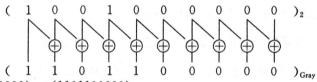

即 $(1001000000)_2 = (1101100000)_{Gray}$

例 1-9 写出典型 Gray 码 $G_{n-1}G_{n-2}\cdots G_1G_0$ 中 G_4 和 G_3 的循环周期,并据此推出 5 位 Gray 码 $G_4G_3G_2G_1G_0$ 所对应的二进制数 $B_4B_3B_2B_1B_0$ 中 B_3 各位的值。

解 典型 Gray 码 $G_{n-1}G_{n-2}\cdots G_1G_0$ 中任意位 G_i 的循环周期由 2^{i+2} 位组成,并按 2^i 个 0 和 2^i 个 1 组成的 2^{i+1} 位构成对称关系。由此可知,G_4 和 G_3 的循环周期分别为

G_3 $\underbrace{0\cdots 0}_{2^3 个 0} \underbrace{1\cdots 1}_{2^3 个 1} \underbrace{1\cdots 1}_{2^3 个 1} \underbrace{0\cdots 0}_{2^3 个 0}$

G_4 $\underbrace{0\cdots 0}_{2^4 个 0} \underbrace{1\cdots 1}_{2^4 个 1} \underbrace{1\cdots 1}_{2^4 个 1} \underbrace{0\cdots 0}_{2^4 个 0}$

因为 5 位 Gray 码只有 32 种取值组合,所以,对应 32 种取值组合 Gray 码 $G_4G_3G_2G_1G_0$ 中 G_4、G_3 各位的值依次为

$$G_4 = 0000000000000000 1111111111111111$$
$$G_3 = 00000000 1111111111111111 00000000$$

又根据 Gray 码与二进制数的转换公式可知，相应 5 位二进制数 $B_4B_3B_2B_1B_0$ 中的 B_4、B_3 分别为

$$B_4 = G_4$$
$$B_3 = B_4 \oplus G_3 = G_4 \oplus G_3$$

由此可得 B_3 各位的值依次为

```
    0000000000000000 1111111111111111    (G₄)
 ⊕  00000000 1111111111111111 00000000    (G₃)
    00000000 11111111 00000000 11111111    (B₃)
```

例 1-10 某机器中的 ASCII 码用一个字节表示，其中最高位为奇偶检验位。格式如下：

| P | $X_6X_5X_4X_3X_2X_1X_0$ |

检验位　　字符编码

假定 $P = X_6 \oplus X_5 \oplus X_4 \oplus X_3 \oplus X_2 \oplus X_1 \oplus X_0$，请问所采用的是奇检验编码方式还是偶检验编码方式？

解 "异或"运算具有"奇数个 1 相异或结果为 1"的性质，所以，当 $X_6X_5X_4X_3X_2X_1X_0$ 这 7 位代码中含奇数个 1 时，有 $P = X_6 \oplus X_5 \oplus X_4 \oplus X_3 \oplus X_2 \oplus X_1 \oplus X_0$ 为 1，从而使 8 位代码中含 1 的个数为偶数，所以该机器中的奇偶检验码采用的是偶检验编码方式。

1.3　学 习 自 评

1.3.1　自测练习

一、填空题

1. 数字信号有 _____ 和 _____ 两种形式。
2. 数字电路只能处理 _____ 信号，不能处理 _____ 信号。
3. 机器数是指 _____ 的带符号二进制数，它有 _____ 3 种常用类型。
4. 二进制数 10001000 对应的十进制数为 _____，十六进制数为 _____。

5. 二进制数 1110101 对应的十进制数为_____,八进制数为_____。

6. 二进制数 0.110101 对应的八进制数为_____,十六进制数为_____。

7. 八进制数 27.2 对应的十进制数为_____,二进制数为_____。

8. 十六进制数 19.8 对应的二进制数为_____,十进制数为_____。

9. 八进制数 41.24 对应的十六进制数为_____,十进制数为_____。

10. 十进制数 1012 对应的二进制数为_____,八进制数为_____。

11. 二进制数 -0.1111 的反码为_____,补码为_____。

12. 二进制数 -10110 的原码为_____,补码为_____。

13. 若已知 $[X]_{补码}=1.1010$,则 $[\frac{1}{2}X]_{补码}=$_____,$[\frac{1}{2}X]_{原码}=$_____。

14. 若已知 $[N]_{补码}=1.0110$,则 $[N]_{原码}=$_____,真值 $N=$_____。

15. 2421 码 11001110 对应的十进制数为_____,二进制数为_____。

16. 余 3 码 01000101.1001 对应的十进制数为_____,2421 码为_____。

17. 二进制数 1100110 的 Gray 码为_____,8421 码为_____。

18. 若奇偶检验码 $PB_4B_3B_2B_1$ 采用的是偶检验编码方式,则 $P=$_____。

二、选择题

从下列各题的 4 个备选答案中选出 1 个或多个正确答案,并将其代号写在题中的括号内。

1. 表示任意两位十进制数,需要(　　)位二进制数。
   A. 6　　　　　B. 7　　　　　C. 8　　　　　D. 9

2. 下列信号中,(　　)是数字信号。
   A. 交流电压　　B. 开关状态　　C. 交通灯状态　　D. 无线电载波

3. 小数"0"的反码形式有(　　)。
   A. 0.0⋯0　　　B. 1.0⋯0　　　C. 0.1⋯1　　　D. 1.1⋯1

4. 余 3 码 10001000 对应的 2421 码为(　　)。
   A. 01010101　　B. 10000101　　C. 10111011　　D. 11101011

5. 下列电路中,非数字电路有(　　)。
   A. 差动放大电路　　　　B. 集成运放电路
   C. RC 振荡电路　　　　 D. 逻辑运算电路

三、判断改错题

判断各题正误,正确的在括号内记"√",错误的在括号内记"×",并改正。

1. 10 位二进制数能表示的最大十进制数为 1024。　　　　　　　　(　　)

2. 二进制数 0.0011 的反码为 0.1100。( )
3. "0"的补码只有一种形式。( )
4. 十进制数 86 的余 3 码为 10001001。( )
5. 余 3 码 011010000011 对应的 2421 码为 001101010000。( )
6. 二进制数 111110 的 8421 码为 00111110。( )
7. 当采用奇检验编码方式时,奇偶检验码 P1010011 的 P 值应为 0。( )
8. 奇偶检验码不但能发现错误,而且能纠正错误。( )

四、判断说明题

判断下列各题正误,正确的在括号内记"√",错误的记"×",并说明正确或错误的理由。

1. 由数字符号 0 和 1 组成的数一定是二进制数。( )
2. 用原码、反码和补码可以把减法运算转化为加法运算。( )
3. 采用奇偶检验码可以发现代码传送过程中的所有错误。( )
4. 集成电路按芯片面积大小可分为 SSI、MSI、LSI 和 VLSI 几种不同类型。
( )
5. 数字系统处理模拟信号时,必须将模拟信号变换成数字信号。( )
6. 最简电路一定是最佳电路。( )

1.3.2 自测练习解答

一、填空题

1. 数字信号有<u>电位型</u>和<u>脉冲型</u>两种形式。
2. 数字电路只能处理<u>数字</u>信号,不能处理模拟信号。
3. 机器数是指将<u>符号"数值化"</u>后的带符号二进制的数,它有<u>原码、反码、补码</u>3 种常用类型。
4. 二进制数 10001000 对应的十进制数为<u>136</u>,十六进制数为<u>88</u>。
5. 二进制数 1110101 对应的十进制数为<u>117</u>,八进制数为<u>165</u>。
6. 二进制数 0.110101 对应的八进制数为<u>0.65</u>,十六进制数为<u>0.D4</u>。
7. 八进制数 27.2 对应的十进制数为<u>23.25</u>,二进制数为<u>10111.01</u>。
8. 十六进制数 19.8 对应的二进制数为<u>11001.1</u>,十进制数为<u>25.5</u>。
9. 八进制数 41.24 对应的十六进制数为<u>21.5</u>,十进制数为<u>33.3125</u>。
10. 十进制数 1012 对应的二进制数为<u>1111110100</u>,八进制数为<u>1764</u>。

11. 二进制数 -0.1111 的反码为 $\underline{1.0000}$，补码为 $\underline{1.0001}$。

12. 二进制数 -10110 的原码为 $\underline{110110}$，补码为 $\underline{101010}$。

13. 若已知 $[X]_{补码}=1.1010$，则 $[\frac{1}{2}X]_{补码}=\underline{1.1101}$，$[\frac{1}{2}X]_{原码}=\underline{1.0011}$。

14. 若已知 $[N]_{补码}=1.0110$，则 $[N]_{原码}=\underline{1.1010}$，真值 $N=\underline{-0.1010}$。

15. 2421 码 11001110 对应的十进制数为 $\underline{68}$，二进制数为 $\underline{1000100}$。

16. 余 3 码 01000101.1001 对应的十进制数为 $\underline{12.6}$，2421 码为 $\underline{00010010.1100}$。

17. 二进制数 1100110 的 Gray 码为 $\underline{1010101}$，8421 码为 $\underline{000100000010}$。

18. 若奇偶检验码 $PB_4B_3B_2B_1$ 采用的是偶检验编码方式，则 $P=\underline{B_4 \oplus B_3 \oplus B_2 \oplus B_1}$。

二、选择题

1. B　　2. B,C　　3. A,D　　4. C　　5. A,B,C

三、判断改错题

1. ×　10 位二进制数能表示的最大十进制数为 1023。
2. ×　二进制数 0.0011 的反码为 0.0011。
3. √
4. ×　十进制数 86 的余 3 码为 10111001。
5. ×　余 3 码 011010000011 对应的 2421 码为 001110110000。
6. ×　二进制数 111110 的 8421 码为 01100010。
7. ×　当采用奇检验编码方式时，奇偶检验码 P1010011 的 P 值应为 1。
8. ×　奇偶检验码只能发现错误，不能纠正错误。

四、判断说明题

1. ×　因为任意进制数均含数字符号 0 和 1，所以 0 和 1 组成的数可以是任意进制数。
2. ×　原码不能将减法转化为加法。
3. ×　只能发现单错，不能发现双错。
4. ×　分类的依据不是面积大小，而是集成度的高低。
5. √　因为数字系统只能处理数字信号。
6. ×　因为最佳电路包括经济合理、可靠性好、便于维护、速度快等性能。

第 2 章

逻辑代数基础

知识要点

- 基本概念
- 公理、定理和规则
- 逻辑函数表达式的形式与变换
- 逻辑函数的化简方法

2.1 重点与难点

2.1.1 基本概念

1. 逻辑和逻辑值

所谓逻辑,是指事物的前因和后果所遵循的规律。

客观世界存在着大量事物,它们具有相互对立又相互依存的两个逻辑状态,如门的"开"和"关",灯的"亮"和"灭",脉冲的"有"和"无"等。这类事物的状态可用逻辑"真"和逻辑"假"两个对立的逻辑值来表示。为了简便起见,通常用逻辑"1"表示逻辑"真",逻辑"0"表示逻辑"假"。值得**注意**的是,逻辑值"1"和"0"与二进制数字"1"和"0"是完全不同的概念,它们并不表示数量的大小,而是表示不同的逻辑状态。

2. 逻辑变量和逻辑函数

为了对一个逻辑问题的条件及结果进行描述和演算,引入了逻辑变量和逻辑函数两个术语。如果一个事物的发生与否具有排中性,即只有完全对立的两种可能性,则可将其定义为一个逻辑变量。若一个逻辑问题的条件和结果均具有逻辑特性,则可分别用条件逻辑变量和结果逻辑变量表示,通常称结果逻辑变量为条件逻辑变量的函数。

研究数字逻辑电路时,关心的是电路输入、输出的因果关系,即输入和输出之间的逻辑关系。通常把表示输入条件的逻辑变量称为输入变量,又称为逻辑自变量或简称逻辑变量;把表示输出结果的逻辑变量称为输出变量,又称为逻辑因变量或逻辑函数。逻辑变量或逻辑函数的取值都只有逻辑"1"或逻辑"0"两种可能。

3. 逻辑运算

逻辑代数中定义了**与、或、非** 3 种基本运算,分别对应着逻辑与、逻辑或及逻辑非。利用 3 种基本运算可描述各种复杂的逻辑关系。表 2.1 给出了 3 种基本运算的运算符号及运算法则。

表 2.1 3 种基本逻辑运算

逻辑运算	运算符号	运算法则	
与运算	·(或者 ∧)	$0 \cdot 0 = 0$	$0 \cdot 1 = 0$
		$1 \cdot 0 = 0$	$1 \cdot 1 = 1$
或运算	+(或者 ∨)	$0 + 0 = 0$	$0 + 1 = 1$
		$1 + 0 = 1$	$1 + 1 = 1$
非运算	¯(或者 ¬)	$\bar{0} = 1$	$\bar{1} = 0$

4. 逻辑函数的描述

描述逻辑函数的常用方法有**逻辑表达式、真值表和卡诺图** 3 种。逻辑表达式是由逻辑变量、逻辑运算符号和"( )"组成的式子,其运算优先顺序为"( )"→ "¯"→"·"→"+";真值表是一种详尽地依次列出所有变量取值组合及相应函数值的表格,是逻辑问题分析和设计的重要工具;卡诺图是一种反映函数与变量之间取值关系的平面方格图,是逻辑函数化简的工具。

5. 逻辑函数的相等

对于具有相同变量的两个函数 F_1 和 F_2,若对应于变量的任何一种取值,F_1 和 F_2 的值都相同,则称函数 F_1 和 F_2 相等,记作 $F_1 = F_2$。

2.1.2 公理、定理和规则

1. 基本公理和定理

逻辑代数的基本公理和定理如表 2.2 所示。

表 2.2 逻辑代数的基本公理和定理

序号	名 称	基 本 公 式	对 偶 式
1	交换律	A+B=B+A	A·B=B·A
2	结合律	(A+B)+C=A+(B+C)	(A·B)·C=A·(B·C)
3	分配律	A+B·C=(A+B)·(A+C)	A·(B+C)=A·B+A·C
4	0—1律	A·0=0 A·1=A	A+1=1 A+0=A
5	互补律	A+$\overline{A}$=1	A·$\overline{A}$=0
6	重叠律	A+A=A	A·A=A
7	吸收律	A+A·B=A	A·(A+B)=A
8	消去律	A+$\overline{A}$B=A+B	A·($\overline{A}$+B)=A·B
9	对合律	$\overline{\overline{A}}$=A	
10	反演律 (德·摩根定律)	$\overline{A+B}$=$\overline{A}$·$\overline{B}$	$\overline{A·B}$=$\overline{A}$+$\overline{B}$
11	并项律	A·B+A·$\overline{B}$=A	(A+B)·(A+$\overline{B}$)=A
12	包含律	A·B+$\overline{A}$·C+BC =A·B+$\overline{A}$·C	(A+B)·($\overline{A}$+C)·(B+C) =(A+B)·($\overline{A}$+C)

2. 3条重要规则

(1) 代入规则

对逻辑等式中的任意变量 A,若将所有出现 A 的位置都代之以同一个逻辑函数,则等式仍然成立。

(2) 反演规则

对于任何一个逻辑函数 F,若将 F 表达式中所有的"·"和"+"互换,"0"和"1"互换,原变量和反变量互换,并保持运算优先顺序不变,则可得到函数 F 的反函数 $\overline{F}$。

(3) 对偶规则

对于任何一个逻辑函数 F,若将 F 表达式中所有的"·"和"+"互换,"0"和"1"互换,并保持运算优先顺序不变,则所得到的新的逻辑表达式称为函数 F 的对偶函数式,记作 F'。

原函数式 F 与对偶函数式 F′ 互为对偶；两个相等函数 F 和 G 的对偶函数 F′ 和 G′ 也相等。

3. 复合逻辑

实际应用中，除了和与、或、非 3 种逻辑对应的逻辑门之外，更为广泛使用的是**与非门、或非门、与或非门和异或门**等复合逻辑门。因此，从 3 种基本逻辑出发导出了相应的复合逻辑。

(1) 与非逻辑

与非逻辑是由与和非两种基本逻辑复合形成的。其表达式为

$$F = \overline{A \cdot B \cdots}$$

功能 仅当变量取值全部为 1 时，运算结果为 0。实现该功能的电路称为与非门。

(2) 或非逻辑

或非逻辑是由或和非两种基本逻辑复合形成的。其表达式为

$$F = \overline{A + B + \cdots}$$

功能 仅当变量取值全部为 0 时，运算结果为 1。实现该功能的电路称为或非门。

(3) 与或非逻辑

与或非逻辑是由与、或、非 3 种基本逻辑复合形成的。其表达式为

$$F = \overline{AB + CD + \cdots}$$

功能 只要式中与项有一个为 1，运算结果便为 0，仅当所有与项均为 0，运算结果才为 1。实现该功能的电路称为与或非门。

与非逻辑、或非逻辑和与或非逻辑的共同特点是均可产生与、或、非 3 种基本逻辑。因此，相应逻辑门被称为通用逻辑门，即可仅用其中的任何一种逻辑门实现任意逻辑函数的功能。

(4) 异或逻辑和同或逻辑

异或逻辑和同或逻辑均为两变量逻辑，由于它们具有某些特殊性能，因而得到广泛应用。

异或逻辑的表达式为

$$F = \overline{A}B + A\overline{B} = A \oplus B$$

功能 变量 A、B 取值不同，运算结果为 1；取值相同，运算结果为 0。实现该功能的门电路称为异或门，异或门只有两个输入端。

同或逻辑的表达式为

$$F = \overline{A}\overline{B} + AB = A \odot B$$

功能 变量 A、B 取值相同,运算结果为 1;取值不同,运算结果为 0。

异或逻辑和同或逻辑既互为相反又互为对偶。即若 F=A⊕B,则 $\overline{F}$=A⊙B,F′=A⊙B;反之亦然。实际应用中,同或运算通常用异或门加非门实现。

异或逻辑和同或逻辑具有表 2.3 所示的重要性质。

表 2.3 异或逻辑和同或逻辑的性质

性 质	异或逻辑	同或逻辑
奇偶律	A⊕A=0 A⊕A⊕A=A	A⊙A=1 A⊙A⊙A=A
互补律	A⊕$\overline{A}$=1 (A⊕1=$\overline{A}$)	A⊙$\overline{A}$=0 (A⊙0=$\overline{A}$)
自等律	A⊕0=A	A⊙1=A
交换律	A⊕B=B⊕A	A⊙B=B⊙A
结合律	A⊕(B⊕C)=(A⊕B)⊕C	A⊙(B⊙C)=(A⊙B)⊙C
分配律	A(B⊕C)=AB⊕AC	A+(B⊙C)=(A+B)⊙(A+C)
反演律	$\overline{A⊕B}$=$\overline{A}$⊕B=A⊕$\overline{B}$	$\overline{A⊙B}$=$\overline{A}$⊙B=A⊙$\overline{B}$
调换律	A⊕B=C⇒A⊕C=B ⇒C⊕B=A	A⊙B=C⇒A⊙C=B ⇒C⊙B=A

对多个变量进行异或、同或运算时,可对两两运算结果再运算,或者连续依次两两运算,运算结果与运算顺序无关。

当多个变量进行异或运算时,若变量取值 1 的数目为奇数,则运算结果为 1;若变量取值 1 的数目为偶数,则运算结果为 0。当多个变量进行同或运算时,若变量取值 0 的数目为偶数,则运算结果为 1;若变量取值 0 的数目为奇数,则运算结果为 0。

此外,偶数个变量的异或和偶数个变量的同或互为相反;奇数个变量的异或和奇数个变量的同或彼此相等。如,
$$\overline{A⊕B⊕C⊕D}=A⊙B⊙C⊙D$$
$$A⊕B⊕C=A⊙B⊙C$$

2.1.3 逻辑函数表达式的形式与变换

任何一个逻辑函数都可用多种形式的表达式描述,其功能实现时,不同的表达式对应着不同的逻辑电路。从理论分析和实际应用的角度考虑,应重点掌握**两种基本形式**和**两种标准形式**。

1. 两种基本形式

逻辑函数表达式有**与或**表达式和**或与**表达式两种基本形式。

单个逻辑变量进行"与"运算构成的项称为"与项",由"与项"进行"或"运算构成的表达式称为"与或"表达式。

单个逻辑变量进行"或"运算构成的项称为"或项",由"或项"进行"与"运算构成的表达式称为"或与"表达式。

根据逻辑表达式的运算特点、功能实现时所采用的逻辑器件和电路结构,通常可将一个逻辑表达式表示成 8 种不同形式。例如,逻辑函数 $F=A\overline{B}+\overline{A}C$ 的 8 种常用表达式如下:

与或式　　$F=A\overline{B}+\overline{A}C$　　　　或与式　　$F=(\overline{A}+\overline{B})(A+C)$

与非式　　$F=\overline{\overline{A\overline{B}}\cdot\overline{\overline{A}C}}$　　　　或非式　　$F=\overline{\overline{\overline{A}+\overline{B}}+\overline{A+C}}$

或与非式　$F=\overline{(\overline{A}+B)(A+\overline{C})}$　与或非式　$F=\overline{\overline{A}B+A\overline{C}}$

或非或式　$F=\overline{\overline{A}+B}+\overline{A+\overline{C}}$　与非与式　$F=\overline{\overline{A}B}\cdot\overline{A\overline{C}}$

从上述表达式不难看出,借助德·摩根定律和分配律,对与或式两次取反,可将其转换为与非式、或与非式和或非式;对或与式两次取反,可将其转换为或非式、与或非式和与非与式。所以,称与或表达式和或与表达式为两种基本形式。功能实现时,可根据所提供的逻辑门电路,将其变换成所需要的形式。

2. 两种标准形式

任一逻辑函数的两种基本形式并不是惟一的,可以有繁简不同的多种形式。在逻辑问题的研究中,为了使描述某种逻辑关系的表达式具有惟一性,提出了两种标准形式,即标准与或式和标准或与式。

若函数与或式中的每一个与项均为最小项,则称为标准与或式,又称为"最小项之和"形式。

若函数或与式中的每一个或项均为最大项,则称为标准或与式,又称为"最大项之积"形式。

(1) 最小项

定义 若 n 个变量组成的与项中,每个变量均以原变量或反变量的形式出现一次且仅出现一次,则称该与项为 n 个变量的最小项。

n 个变量可构成 2^n 个最小项。为了书写方便,通常将最小项用 m_i 表示,i 为最小项的序号。在变量个数和变量顺序确定后,将相应与项中的原变量用 1 表示,反变量用 0 表示,由 0、1 组成的二进制数所对应的十进制数即为最小项的序号 i。显然,对于 n 个变量构成的最小项 m_i,i 的取值范围为 $0\sim(2^n-1)$。

最小项具有如下性质:

性质1 n 个变量构成的任何一个最小项 m_i,有且仅有一种变量取值组合使其值为 1,该种变量取值即序号 i 的值。

性质2 相同变量构成的两个不同最小项相与为 0,即 $m_i \cdot m_j = 0$。

性质3 n 个变量的全部最小项相或为 1,即 $\sum_{i=0}^{2^n-1} m_i = 1$。

性质4 n 个变量的任何一个最小项有 n 个相邻最小项。所谓相邻最小项是指两个最小项中仅一个变量不同,且该变量分别为同一变量的原变量和反变量。

(2) 最大项

定义 若 n 个变量组成的或项中,每个变量均以原变量或反变量的形式出现一次且仅出现一次,则称该或项为 n 个变量的最大项。

n 个变量可构成 2^n 个最大项。为了书写方便,通常将最大项用 M_i 表示,i 为最大项的序号。与最小项不同的是,在确定 i 值时应将或项中的原变量用 0 表示,反变量用 1 表示。对于 n 个变量构成的最大项 M_i,i 的取值范围为 $0 \sim (2^n - 1)$。

最大项具有如下性质:

性质1 n 个变量构成的任何一个最大项 M_i,有且仅有一种变量取值组合使其值为 0,该种变量取值即序号 i 的值。

性质2 相同变量构成的两个不同最大项相或为 1,即 $M_i + M_j = 1$。

性质3 n 个变量的全部最大项相与为 0,即 $\prod_{i=0}^{2^n-1} M_i = 0$。

性质4 n 个变量的任何一个最大项有 n 个相邻最大项。

对于 n 个变量构成的最小项 m_i 和最大项 M_i 存在互补关系,即 $\overline{m_i} = M_i$ 或者 $m_i = \overline{M_i}$。因此有 $m_i + M_i = 1$,$m_i \cdot M_i = 0$ 成立。

3. 表达式形式的变换

任何一个逻辑函数,不论其原表达式为何种形式,均可变换成标准形式。**求一个函数的标准形式可采用代数变换法或真值表法。**

(1) 代数变换法

用代数变换法求逻辑函数的两种标准表达式一般分为如下两步。

第一步:将函数表达式变换成两种基本形式,即与或表达式或者或与表达式。

第二步:反复使用公式 $X = X(\overline{Y} + Y)$,将与或式中非最小项的与项 X 扩展成最小项,即得到标准与或式;反复使用公式 $X = (X + \overline{Y})(X + Y)$ 将或与式中非最大项的或项 X 扩展成最大项,即得到标准或与式。公式中的 Y 为非最小项与项或者非最大项或项中所缺少的变量。

(2) 真值表法

任何逻辑函数的真值表和逻辑函数的标准表达式都有严格的对应关系,因此,可以根据函数真值表直接写出函数的两种标准表达式。

利用真值表求标准表达式的方法是:作出函数 F 的真值表。将真值表中使函数值为 1 的变量取值组合对应的最小项相或,得到函数 F 的标准与或式;将真值表中使函数值为 0 的变量取值组合对应的最大项相与,得到函数 F 的标准或与式。

显然,对于一个 n 个变量的函数 F,若 F 的标准与或式由 k 个最小项相或构成,则 F 的标准或与式由 2^n-k 个最大项相与构成。换而言之,对任何一组变量取值组合对应的序号 i,若标准与或式中不含 m_i,则标准或与式中一定含 M_i。据此,可根据两种标准形式中的一种直接写出另一种。例如,若

$$F(A,B,C) = \sum m(0,1,6,7)$$

则

$$F(A,B,C) = \prod M(2,3,4,5)$$

2.1.4 逻辑函数的化简

逻辑函数化简的目的是简化电路结构,使系统成本下降、可靠性提高。

逻辑函数化简通常是指将逻辑函数化为最简与或表达式或者最简或与表达式,因为表达式的这两种基本形式容易转换成表达式的其他形式。其中,**与或表达式更为常用**。

所谓最简与或(或与)表达式,是指表达式中含与项(或项)个数达到最少,且在满足与项(或项)个数最少的条件下,各与项(或项)所含的变量数达到最少。

化简逻辑函数的常用方法有**代数化简法**、**卡诺图化简法**和**列表化简法** 3 种。

1. 代数化简法

代数化简法是运用逻辑代数的公理、定理和规则对逻辑函数表达式进行变换,消去表达式中的多余项和多余变量,以获得最简表达式的方法。

用代数法化简逻辑函数要求对公理、定理和规则十分熟练,真正达到熟能生巧。该方法最大的优点是灵活方便,不受变量数目的约束;缺点是没有一定的规律和步骤,技巧性较强,对于复杂函数通常难以判断化简结果是否达到最简。因此,该方法有较大的局限性。

2. 卡诺图化简法

卡诺图是将代表最小项的小方格按相邻原则排列而成的平面方格图,卡诺图

化简法又称图解化简法。

(1) 卡诺图的构造特点

卡诺图的构造具有如下特点：

① n 个变量的卡诺图由 2^n 个小方格组成，每个小方格代表一个最小项；

② 卡诺图上处在相邻、相对、相重位置的小方格所代表的最小项为相邻最小项。

(2) 逻辑函数在卡诺图上的表示

用卡诺图描述一个逻辑函数时，一般应将函数表达式变换成与或表达式或者标准与或表达式。

对与或表达式表示的函数，可按照卡诺图上与的公共性、或的叠加性、非的否定性作出相应卡诺图；对标准与或式表示的函数，只需在卡诺图上找出和表达式中最小项对应的小方格填上 1，其余小方格填上 0（或以空白代替 0）即可得到相应的卡诺图。

(3) 卡诺图上最小项的合并规律

卡诺图直观、清晰地反映了最小项的相邻关系。根据并项定理，任意两个相邻项可以合并为一项，合并后消去互补变量。利用卡诺图化简逻辑函数的基本思想是在卡诺图上用卡诺圈圈出函数的相邻最小项，并用一个与项代替卡诺圈中的若干最小项。n 个变量卡诺图中最小项的合并规律如下：

① 卡诺圈中小方格的个数必须为 2^m 个，m 为小于或等于 n 的整数；

② 卡诺圈中的 2^m 个小方格含有 m 个不同变量，$n-m$ 个相同变量，且 m 个不同变量的 2^m 种组合恰好由 2^m 个小方格对应的最小项分别包含；

③ 卡诺圈中的 2^m 个小方格对应的最小项可用一个 $n-m$ 个变量的与项表示，该与项由这些最小项中的相同变量构成；

④ 当 $m=n$ 时，卡诺圈包围了整个卡诺图，可用 1 表示，即 n 个变量的全部最小项相或为 1。

(4) 用卡诺图化简逻辑函数的步骤

用卡诺图求最简与或表达式的步骤如下。

① 作出函数卡诺图。

② 对卡诺图上的 1 方格画卡诺圈。画卡诺圈的原则是：

● 在覆盖所有 1 方格的前提下，卡诺圈的个数应尽可能少。因为卡诺圈个数越少，函数表达式中的与项数目越少；

● 在满足合并规律的前提下，卡诺圈应尽可能大。因为卡诺圈中包含的最小项越多，相应与项所含的变量数越少；

● 每个 1 方格至少被一个卡诺圈包围，根据合并的需要也可以被多个卡诺圈包围。

③将卡诺图上各卡诺圈对应的与项相或,得到函数的最简与或表达式。

用卡诺图求函数的最简或与表达式通常有两种不同的处理方法:一是作出函数 F 的卡诺图,合并卡诺图上的 0 方格,求出 $\overline{F}$ 的最简与或式,然后对 $\overline{F}$ 取反,得到 F 的最简或与式,该方法称为两次取反法;二是在给定函数 F 为或与表达式时,为了作图的方便,可先对 F 取对偶得到 F' 的与或表达式,并作出 F' 的卡诺图,再合并卡诺图上的 1 方格得到 F' 的最简与或式,然后对 F' 取对偶,得到 F 的最简或与式,该方法称为两次对偶法。

卡诺图化简法的优点是直观、方便、容易掌握。缺点是当变量较多时,画图及对图形的识别均变得复杂、困难。因此,该方法受到变量个数的约束,一般应用于变量个数不大于 6 的情况。

3. 列表化简法

列表化简法是由 Quine 和 Mecluskey 提出的一种系统化简方法,又称为 Q-M 法。

列表化简法的基本思想与卡诺图化简法相同,都是从最小项出发,找出相邻项进行合并。所不同的是:化简过程是借助约定的表格形式,按照一定规则进行的。该方法的优点是:化简步骤规范,不受变量个数的约束,适合于多变量函数化简和计算机辅助逻辑化简。

2.2 例题精选

例 2-1 某楼道照明灯的开关控制电路如图 2.1 所示,图中 A、B 为单刀双掷开关。

(1) 请用逻辑表达式描述灯 F 与开关 A、B 之间的关系;

(2) 试断开图中 a 和 b 的连线及 c 和 d 的连线,并将 a 和 d 连通,b 和 c 连通后,写出灯 F 与开关 A、B 之间的表达式;

(3) 电路修改后的函数表达式与描述原电路的函数表达式有何关系?

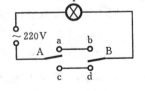

图 2.1 楼道照明电路

解 图 2.1 中的开关只有向上和向下两种状态,灯只有亮和灭两种状态,均可用逻辑 1 和逻辑 0 表示。设开关 A、B 为逻辑变量,灯 F 为逻辑函数;开关向上接

通为逻辑 1,向下接通为逻辑 0;灯亮为逻辑 1,灯灭为逻辑 0,则可求解如下:

(1) 当 A、B 取值均为 0 或者均为 1 时,灯与电源接通,使 F 的值为 1;否则,F 的值为 0。由此,可得到 F 与 A、B 之间的关系表达式为

$$F = \overline{A}\overline{B} + AB$$
$$= A \odot B$$

(2) 对电路进行修改后,仅当 A 和 B 的取值互为相反时,灯与电源接通,使 F 的值为 1。所以,F 与 A、B 之间的关系表达式为

$$F = \overline{A}B + A\overline{B}$$
$$= A \oplus B$$

(3) 电路修改前后的函数表达式互为反函数。

例 2-2 已知逻辑函数 $F(A,B,C) = \overline{(A\overline{B}+\overline{C}) \cdot \overline{BC}}$,求 F 的标准与或式和 F 的标准或与式。

解 求一个逻辑函数的标准表达式可以采用代数变换法或者真值表法。不论采用哪种方法,均可在求出一种表达式后直接推出另一表达式。

解法 I 用代数法求出 F 的标准与或表达式,然后直接导出标准或与式:

$$\begin{aligned}
F(A,B,C) &= \overline{(A\overline{B}+\overline{C}) \cdot \overline{BC}} \\
&= \overline{A\overline{B}+\overline{C}} + \overline{\overline{BC}} \\
&= \overline{A\overline{B}} \cdot \overline{\overline{C}} + BC \\
&= (\overline{A}+B)C + BC \\
&= \overline{A}C + BC + BC \\
&= \overline{A}C + BC \quad\quad\quad\quad\quad\quad\quad\quad (\text{与或表达式})\\
&= \overline{A}C(\overline{B}+B) + (\overline{A}+A)BC \quad (\text{将非最小项的与项扩展成最小项})\\
&= \overline{A}\,\overline{B}C + \overline{A}BC + \overline{A}BC + ABC \\
&= \overline{A}\,\overline{B}C + \overline{A}BC + ABC \quad\quad\quad (\text{标准与或表达式})\\
&= \sum m(1,3,7)
\end{aligned}$$

由所得标准与或式可知,当变量 A、B、C 取值 001,011,111 时,函数 F 的值为 1,其他取值下函数 F 的值为 0。因为函数的标准或与式是由使函数值为 0 的变量取值组合对应的最大项相与,所以可直接写出函数 F 的标准或与式:

$$F(A,B,C) = \prod M(0,2,4,5,6)$$

解法 II 采用真值表法,列出函数 F 的真值表如表 2.4 所示。将真值表上使函数值为 1 的变量取值组合对应的最小项相或得到 F 的标准与或式;将真值表上使函数值为 0 的变量取值组合对应的最大项相与得到 F 的标准或与式。

表2.4 真值表

A	B	C	F
0	0	0	0
0	0	1	1
0	1	0	0
0	1	1	1
1	0	0	0
1	0	1	0
1	1	0	0
1	1	1	1

$F(A,B,C) = \prod M(0,2,4,5,6)$

$F(A,B,C) = \sum m(1,3,7)$

例 2-3 已知逻辑函数 $F(A,B,C) = \prod M(0,2,4,7)$，求 F' 的标准与或式和标准或与式。

解 由 $F(A,B,C) = \prod M(0,2,4,7)$ 可直接推导出 $\overline{F}(A,B,C) = \sum m(0,2,4,7)$，但不能推导出 $F'(A,B,C) = \sum m(0,2,4,7)$，这一点必须注意。由于一个或与表达式的反函数和对偶函数均为与或式，因此往往把 $\overline{F}$ 当成 F'，这是错误的。该题求解过程如下：

因为　$F(A,B,C) = \prod M(0,2,4,7)$

$\qquad = (A+B+C)(A+\overline{B}+C)(\overline{A}+B+C)(\overline{A}+\overline{B}+\overline{C})$

$F'(A,B,C) = ABC + A\overline{B}C + \overline{A}BC + \overline{A}\,\overline{B}\,\overline{C}$

$\qquad = \sum m(0,3,5,7)$ 　　　　　　　　　（标准与或式）

$\qquad = \prod M(1,2,4,6)$ 　　　　　　　　（标准或与式）

例 2-4 如果逻辑函数 $F(A,B,C,D) = \sum m(1,4,9,12)$，$G(A,B,C,D) = \prod M(1,4,9,12)$，试求 $F+G = ?$

解 F 和 G 为具有相同变量的两个函数。$F(A,B,C,D) = \sum m(1,4,9,12)$ 意味着 ABCD 取值 0001, 0100, 1001, 1100 时，F 的值为 1，否则，F 的值为 0；$G(A,B,C,D) = \prod M(1,4,9,12)$ 意味着变量 ABCD 取值 0001, 0100, 1001, 1100 时，G 的值为 0，否则，G 为 1。由此可见，F 和 G 互为反函数，所以有

$$F + G = 1$$

例 2-5 用代数法证明等式 $AB \oplus \overline{A}C = AB + \overline{A}C$。

证明 $AB \oplus \overline{A}C = \overline{AB}\cdot\overline{A}C + AB\overline{\overline{A}C}$

$\qquad = (\overline{A}+\overline{B})\overline{A}C + AB(A+\overline{C})$

$\qquad = \overline{A}C + \overline{A}\,\overline{B}\,C + AB + AB\overline{C}$

$\qquad = AB + \overline{A}C$

本例所给等式说明,如果两个与项中有一对变量互为相反,则对这两个与项进行异或运算就等于对这两个与项进行或运算。该等式的应用价值在于用简单的或运算代替了较复杂的异或运算。

例 2-6 用代数法证明等式 $AB+BC+CA=(A+B)(B+C)(C+A)$。

证明　$(A+B)(B+C)(C+A)=((A+B)B+(A+B)C)(C+A)$
$$=(AB+B+AC+BC)(C+A)$$
$$=(B+AC)(C+A)$$
$$=(B+AC)C+(B+AC)A$$
$$=BC+AC+AB+AC$$
$$=AB+BC+AC$$

本例所给等式说明,3 个变量两两构成的与项相或等于 3 个变量两两构成的或项相与。同时,等式左边和右边互为对偶。若一个函数的对偶函数与原函数相等,则称这一函数为自对偶函数。由此可见,函数 $F=AB+BC+CA$ 为自对偶函数。

例 2-7 试用代数法求逻辑函数 $F=AC+\bar{B}C+B\bar{D}+A(B+\bar{C})+\bar{A}BC\bar{D}+A\bar{B}DE$ 的最简与或式。

解　代数化简法要求灵活运用公理、定理和规则,消去表达式中的多余项和多余变量。具体解题时,没有固定的模式。根据个人对逻辑代数掌握的熟练程度,可一步一步进行,逐步得出结果;也可几步同时进行,以便快速得出结果,求解过程并不是惟一的。本例的两种不同解法如下。

解法 Ⅰ　$F=AC+\bar{B}C+B\bar{D}+A(B+\bar{C})+\bar{A}BC\bar{D}+A\bar{B}DE$
$\quad\quad=\underline{AC}+\bar{B}C+B\bar{D}+AB+\underline{A\bar{C}}+\bar{A}BC\bar{D}+A\bar{B}DE\quad$↓分配律
$\quad\quad=\underline{A}+\bar{B}C+B\bar{D}+\underline{AB}+\bar{A}BC\bar{D}+\underline{A}\,\bar{B}DE\quad$↓并项律
$\quad\quad=\underline{A}+\bar{B}C+B\bar{D}+\overline{ABC}\,\bar{D}\quad$↓吸收律
$\quad\quad=A+\bar{B}C+B\underline{\bar{D}}+BC\,\underline{\bar{D}}\quad$↓消去律
$\quad\quad=A+\bar{B}C+B\bar{D}\quad$↓吸收律

解法 Ⅱ　$F=\underline{AC}+\bar{B}C+B\underline{\bar{D}}+A(B+\bar{C})+\overline{ABC}\underline{\bar{D}}+\underline{A}\bar{B}DE$
$\quad\quad=A(C+B+\bar{C}+\bar{B}DE)+\bar{B}C+B\bar{D}(1+\bar{A}C)$
$\quad\quad=A+\bar{B}C+B\bar{D}$

例 2-8 试用代数化简法求逻辑函数 $F=\overline{\bar{A}(B+\bar{C})}(A+\bar{B}+C)\overline{\bar{A}\,\bar{B}\,\bar{C}}$ 的最简与或式和最简或与式。

解　该题给定函数 F 的表达式为不规则形式,在求两种基本形式的最简表达式时,可灵活使用公理、定理中互为对偶的两种形式。

解法 I　$F = \overline{\overline{A}(B+\overline{C})}(A+\overline{B}+C)\overline{\overline{A}\ \overline{B}\ \overline{C}}$

　　　　　$= (A+\overline{B}+\overline{\overline{C}})(A+\overline{B}+C)(A+B+C)$

　　　　　$= (A+\overline{B}C)(A+C)$

　　　　　$= (A+\overline{B})(A+C)(A+C)$

　　　　　$= (A+\overline{B})(A+C)$　　　　　　　　　（最简或与式）

　　　　　$= A+\overline{B}\,C$　　　　　　　　　　　（最简与或式）

解法 II　$F = \overline{\overline{A}(B+\overline{C})}(A+\overline{B}+C)\overline{\overline{A}\ \overline{B}\ \overline{C}}$

　　　　　$= (A+\overline{B}+\overline{\overline{C}})(A+\overline{B}+C)(A+B+C)$

　　　　　$= (A+\overline{B}C)(A+C)$

　　　　　$= A+\overline{B}C \cdot C$

　　　　　$= A+\overline{B}C$　　　　　　　　　　　（最简与或式）

　　　　　$= (A+\overline{B})(A+C)$　　　　　　　　（最简或与式）

例 2-9　试用卡诺图化简法求出逻辑函数 $F(A,B,C,D) = \sum m(1,3,5,7,8,9,10,11,14,15)$ 的最简与或式、与非式、或与非式和或非或式。

解　用卡诺图化简法求函数 F 的最简与或式，只需按照画卡诺圈的原则用合适的卡诺圈包围 F 卡诺图中的所有 1 方格，然后写出与各卡诺圈对应的与项相或。对最简与或式作适当变换，即可得到最简与非式、或与非式和或非或式。据此，可作出化简该函数的卡诺图如图 2.2 所示，经化简后得到 F 的最简与或式为

$$F(A,B,C,D) = \overline{A}D + A\overline{B} + AC$$

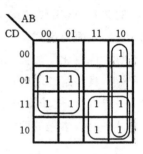

图 2.2　卡诺图

对 F 的最简与或式进行逻辑变换后，可得到最简与非式、或与非式和或非或式分别为

　　　$F = \overline{\overline{\overline{A}D + A\overline{B} + AC}}$

　　　　$= \overline{\overline{\overline{A}D} \cdot \overline{A\overline{B}} \cdot \overline{AC}}$　　　　　　　　　（与非式）

　　　　$= \overline{(A+\overline{D})(\overline{A}+B)(\overline{A}+\overline{C})}$　　　　（或与非式）

　　　　$= \overline{A+\overline{D}} + \overline{\overline{A}+B} + \overline{\overline{A}+\overline{C}}$　　　　（或非或式）

例 2-10　试用卡诺图化简法求出逻辑函数 $F(A,B,C,D) = \prod M(2,4,5,10)$ 的最简或与式、或非式、与或非式和与非与式。

解　用卡诺图法求函数 F 的最简或与式有两种不同的求解方法：一是作出 F 的卡诺图，合并卡诺图上的 0 方格，求出 $\overline{F}$ 的最简与或式，然后对 $\overline{F}$ 取反，得到 F 的最简或与式；二是作出 F' 的卡诺图，合并卡诺图上的 1 方格，求出 F' 的最简与或

式,然后对 F' 取对偶,得到 F 的最简或与式。求出最简或与式之后,经过适当变换即可得到最简或非式、与或非式和与非与式。

解法 I 根据 F 的标准或与式,作出 F 的卡诺图如图 2.3(a)所示。合并卡诺图上的 0 方格,得到 $\overline{F}$ 的最简与或表达式为

$$\overline{F} = \overline{A}B\overline{C} + B\overline{C}D$$

再对 $\overline{F}$ 取反,得到

$$F = \overline{\overline{F}} = (A + \overline{B} + C)(B + \overline{C} + D)$$

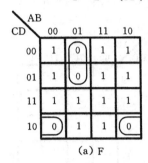
(a) F

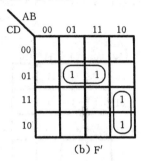
(b) F'

图 2.3 卡诺图

解法 II 根据对偶规则,由 F 的标准或与式

$$F(A,B,C,D) = \prod M(2,4,5,10)$$
$$= (A+B+\overline{C}+D)(A+\overline{B}+C+D)(A+\overline{B}+C+\overline{D})(\overline{A}+B+\overline{C}+D)$$

可得到 F' 的标准与或式为

$$F'(A,B,C,D) = A\overline{B}\overline{C}D + AB\overline{C}D + \overline{A}B\overline{C}\overline{D} + \overline{A}BC\overline{D} = \sum m(5,10,11,13)$$

作出 F' 的卡诺图如图 2.3(b)所示,合并卡诺图上的 1 方格,得到 F' 的最简与或式为

$$F' = A\overline{B}C + B\overline{C}D$$

再对 F' 取对偶,得到

$$F = (F')' = (A+\overline{B}+C)(B+\overline{C}+D)$$

求出 F 的最简或与式后,作适当逻辑变换可得到 F 的最简或非式、与或非式和与非与式:

$$F = \overline{\overline{(A+\overline{B}+C)(B+\overline{C}+D)}}$$
$$= \overline{\overline{A+\overline{B}+C} + \overline{B+\overline{C}+D}} \qquad (或非式)$$
$$= \overline{\overline{A}B\overline{C} + \overline{B}C\overline{D}} \qquad (与或非式)$$
$$= \overline{\overline{A}B\overline{C} \cdot \overline{B}C\overline{D}} \qquad (与非与式)$$

例 2-11 已知逻辑函数 $F_1 = \overline{B}CD + B\overline{C} + \overline{C}\,\overline{D}$,$F_2 = \overline{A}B\overline{C} + A\overline{D} + CD$,用卡诺图化简法求出逻辑函数 $G = F_1 \cdot F_2$,$H = F_1 + F_2$,$I = F_1 \oplus F_2$ 的最简与或式。

解 根据与运算、或运算和异或运算的法则可知,当 F_1 和 F_2 同时为 1 时,有 $G=F_1 \cdot F_2$ 为 1;当 F_1 和 F_2 中有一个为 1 或两个都为 1 时,有 $H=F_1+F_2$ 为 1;当 F_1 和 F_2 的值相反时,有 $I=F_1 \oplus F_2$ 为 1。据此,可根据 F_1 和 F_2 的卡诺图作出 G、H、I 的卡诺图。具体方法是:逐个检查 F_1 和 F_2 卡诺图中处在相同位置的小方格,若在两个卡诺图中均为 1,则在 G 的卡诺图中相应格填 1;若在两个卡诺图中至少有一个为 1,则在 H 的卡诺图中相应格填 1;若在两个卡诺图中一个为 0、一个为 1,则在 I 的卡诺图中相应格填 1。图 2.4(a)~(e)依次画出了 F_1、F_2、G、H 和 I 的卡诺图。

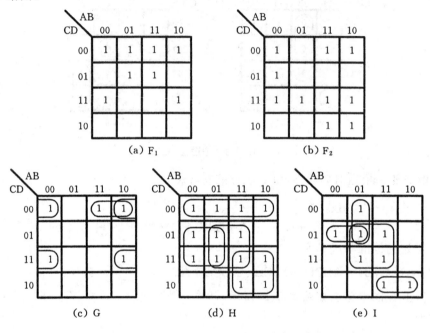

图 2.4 卡诺图

分别对函数 G、H 和 I 卡诺图中的 1 方格进行合并,可得到各自的最简与或表达式如下:

$$G=A\overline{CD}+\overline{B}C\overline{D}+\overline{B}CD$$
$$H=\overline{CD}+\overline{A}D+AC+BD$$
$$I=\overline{A}C\overline{D}+\overline{A}B\overline{C}+AC\overline{D}+BD$$

例 2-12 试用卡诺图化简法求逻辑函数 $F(A,B,C,D,E)=\sum m(0,2,4,5,6,7,8,10,13,15,20,21,22,23,25,27,29,31)$ 的最简与或式。

解 由于该函数包含 5 个变量,所以,卡诺图的结构较复杂。5 变量卡诺图的特点是:32 个小方格分成两半,可以理解为由分别处在某一变量反变量区域和原变量区域的两个4变量卡诺图构成。将两个4变量卡诺图中的一个置于另一个之上,凡上下重叠的小方格所代表的最小项为相邻最小项,称为"相重"位置的相邻。换而言之,在两个4变量卡诺图上处于对应位置的最小项为相邻最小项。因此,在函数化简时,应注意相重位置的最小项合并。

作出给定函数F的卡诺图,如图2.5所示。在对卡诺图上的1方格进行合并后,可得到函数的最简与或表达式为

$$F = \overline{B}C + CE + \overline{A}\overline{C}\overline{E} + ABE$$

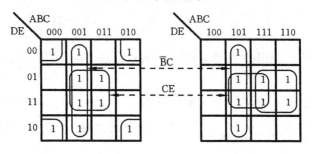

图 2.5　卡诺图

用卡诺图化简多变量函数时,如果对图形的识别感到困难,难以找出最小项的相邻关系,也可以将卡诺图化简法和代数化简法结合使用。例如,对本例求解时,即可对图2.5中所示的A=0和A=1的两个4变量卡诺图分别化简,得到两个子函数的最简与或表达式

$$F_1 = \overline{A}(\overline{B}C + \overline{C}\overline{E} + CE)$$
$$F_2 = A(\overline{B}C + BE + CE)$$

然后用代数化简法求出 $F = F_1 + F_2$ 的最简与或表达式

$$F = \overline{A}(\overline{B}C + \overline{C}\overline{E} + CE) + A(\overline{B}C + BE + CE)$$
$$= \underbrace{\overline{A}\overline{B}C} + \overline{A}\overline{C}\overline{E} + \overline{A}CE + \underbrace{A\overline{B}C} + ABE + \underline{ACE}$$
$$= \overline{B}C + CE + \overline{A}\overline{C}\overline{E} + ABE$$

尽管该法不太简捷,但具有一定的实际意义。

2.3　学　习　自　评

2.3.1　自测练习

一、填空题

1. 逻辑代数有_____、_____和_____3种基本运算。

2. 逻辑代数的3条重要规则是指_____、_____和_____。

3. 逻辑函数表达式有_____和_____两种标准形式。

4. 由 n 个变量构成的任何一个最小项有_____种变量取值使其值为1,任何一个最大项有_____种变量取值使其值为1。

5. 相同变量构成的最小项 m_i 和最大项 M_i,应满足 $m_i \cdot M_i =$ _____, $M_i + m_i =$ _____。

6. 逻辑函数 $F = AB + \overline{A}B$ 的反函数 $\overline{F} =$ _____,对偶函数 $F' =$ _____。

7. 逻辑函数 $F = (A+B)(\overline{A}+C)(C+DE) + \overline{E}$ 的反函数 $\overline{F} =$ _____,对偶函数 $F' =$ _____。

8. 逻辑函数 $P = A[\overline{B} + (C\overline{D} + \overline{E}F)G]$ 的反函数 $\overline{P} =$ _____,对偶函数 $P' =$ _____。

9. 逻辑函数 $F(A,B,C,D) = B\overline{C}\overline{D} + \overline{A}B + AB\overline{C}D + BC$ 的"最小项之和"形式为 $F(A,B,C,D) = \sum m($ _____ $)$,"最大项之积"形式为 $F(A,B,C,D) = \prod M($ _____ $)$。

10. 逻辑函数 $F(A,B,C,D) = \overline{A\ \overline{B} + ABD} + B + CD$ 的标准与或表达式为 $F(A,B,C,D) = \sum m($ _____ $)$,标准或与表达式为 $F(A,B,C,D) = \prod M($ _____ $)$。

二、选择题

从下列各题的4个备选答案中选出1个或多个正确答案,并将其代号写在题中的括号内。

1. n 个变量可构成( )个最大项。
   A. n B. $2n$ C. 2^n D. $2^n - 1$

2. 标准与或式是由( )构成的逻辑表达式。
   A. 与项相或   B. 最小项相或
   C. 最大项相与   D. 或项相与

3. 逻辑函数 $F = A \oplus B$ 和 $G = A \odot B$ 满足关系( )。
   A. $F = \overline{G}$ B. $F' = G$ C. $F' = \overline{G}$ D. $F = G \oplus 1$

4. 逻辑函数 $F(A,B,C) = \sum m(1,2,3,4,7)$ 可以表示成( )。
   A. $F = \prod M(0,5,6)$ B. $F = A \oplus B \oplus C$
   C. $F = A \oplus B \oplus C + \overline{A}B$ D. $F = A \oplus B \oplus C + BC$

5. 若逻辑函数 $F(A,B,C) = \sum m(1,2,3,6)$,$G(A,B,C) = \sum m(0,2,3,4,$

5,7),则 F 和 G 相与的结果为( )。

  A. m_2+m_3 B. 1   C. $\overline{AB}$ D. 0

三、判断改错题

判断各题正误，正确的在括号内记"√"；错误的在括号内记"×"并改正。

1. 逻辑代数中，若 $A \cdot B = A+B$，则有 $A=B$。 ( )
2. 逻辑函数 $F=A \oplus B \oplus C$ 和 $G=A \odot B \odot C$，满足 $F=\overline{G}$。 ( )
3. 由 n 个变量构成的两个不同最大项 M_i 和 M_j 满足 $M_i+M_j=0$。 ( )
4. 根据反演规则，逻辑函数 $F=\overline{A}(B+\overline{C}D)+AC$ 的反函数 $\overline{F}=A+\overline{B} \cdot C+\overline{D} \cdot A+C$。 ( )
5. 若逻辑函数 $F(A,B,C)=\prod M(0,2,5)$，则 $F'(A,B,C)=\sum m(0,2,5)$。
 ( )
6. 若 $X+Y \neq X+Z$，则 $Y \neq Z$。 ( )
7. 若 $X \cdot Y \neq X \cdot Z$，则 $Y \neq Z$。 ( )
8. 若 $X+Y=X+Z$，且 $X \cdot Y = X \cdot Z$，则 $Y=Z$。 ( )
9. 若 $\overline{X+Y}=\overline{X} \cdot \overline{Y}$，则 $X=Y$。 ( )
10. 已知电路如图 2.6 所示，假定开关闭合用 1 表示，断开用 0 表示，灯亮用 1 表示，灯灭用 0 表示，则灯与开关的逻辑关系可用逻辑表达式 $F=AB+C$ 描述。
 ( )

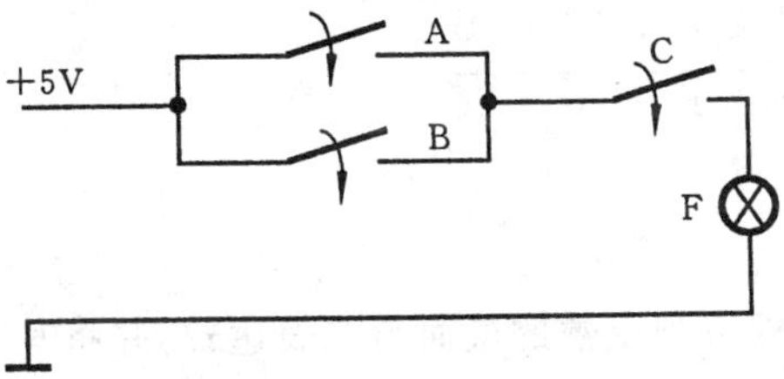

图 2.6 电路图

11. 用卡诺图可判断出逻辑函数 $F(A,B,C,D)=\overline{B} \, \overline{D}+\overline{A} \, \overline{D}+\overline{C} \, \overline{D}+AC\overline{D}$ 与逻辑函数 $G(A,B,C,D)=\overline{B}D+CD+\overline{A} \, \overline{C} D+ABD$ 互为反函数。 ( )
12. 用卡诺图可判断出逻辑函数 $F(A,B,C,D)=(A\overline{B}+\overline{A}B)\overline{C}+\overline{A \, \overline{B}+\overline{A}B} \cdot C$ 与逻辑函数 $G(A,B,C,D)=\overline{AB+BC+AC}(A+B+C)+ABC$ 互为对偶函数。
 ( )

13. 已知某函数的卡诺图如图 2.7 所示。
(1) 若 $b=\overline{a}$，则由 $a=0,b=1$ 可得到函数的最简与或表达式。 ( )

(2) 若 a、b 随意,则由 a=1,b=1 可得到函数的最简与或表达式。 (   )

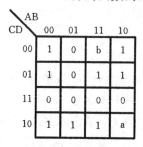

图 2.7 卡诺图

14. 卡诺图化简法适合于多变量函数的化简。 (   )
15. 若函数 F 和函数 G 的卡诺图相同,则函数 F' 和函数 $\overline{G}$ 相等。 (   )

四、证明题

1. $A\overline{B} \oplus \overline{A}B = A\overline{B} + \overline{A}B$
2. $(A \oplus B) \odot AB = \overline{A}\,\overline{B}$
3. $A\overline{B} + AC + B\overline{C} = \overline{ABC}(A+B+C)$
4. $AB\overline{C} + \overline{ABC} + \overline{AB} = \overline{ABC}$
5. $\overline{AB + \overline{A}C} = A\overline{B} + \overline{A}\,\overline{C}$
6. $AB + A\overline{B} + \overline{A}B + \overline{A}\,\overline{B} = 1$
7. $A \cdot \overline{ABC} = A\overline{B}\,\overline{C} + A\overline{B}C + AB\overline{C}$
8. $ABC + \overline{A}\,\overline{B}\,\overline{C} = \overline{A\overline{B} + B\overline{C} + \overline{A}C}$

五、化简题

1. 用代数化简法求下列函数的最简与或表达式,并将其变换成与非式。

(1) $F = AB + \overline{A}\,\overline{B}C + BC$

(2) $F = A\overline{B} + B + BCD$

(3) $F = \overline{A}\,\overline{B} + \overline{B}\,\overline{C} + BC + AB$

2. 用代数化简法求下列函数的最简或与表达式,并将其变换成或非式。

(1) $F = (A+B+C)(\overline{A}+B)(A+B+\overline{C})(C+D)$

(2) $F = BC + D + \overline{D}(\overline{B}+\overline{C})(AC+B)$

(3) $F = AB\overline{C} + \overline{A}BC + A\overline{B}\,\overline{C} + \overline{A}\,\overline{C}$

3. 用卡诺图化简法求逻辑函数

$$F(A,B,C,D) = \prod M(1,5,6,7,11,12,13,15)$$

的最简与或式和与或非式。

4. 用卡诺图化简法求逻辑函数
$$F(A,B,C,D)=(A+\overline{C})(A+B)(\overline{A}+C)(B+\overline{D})(B+\overline{C})$$
的最简或与式和或非式。

5. 用卡诺图化简法求下列函数的最简与或式和最简或与式。

(1) $F(A,B,C,D)=\overline{A}\,\overline{B}+\overline{A}\,\overline{C}D+AC+B\overline{C}$

(2) $F(A,B,C,D)=\sum m(2,3,4,5,10,11,12,13)$

(3) $F(A,B,C,D)=BC+D+\overline{D}(\overline{B}+\overline{C})(AD+B)$

(4) $F(A,B,C,D)=\prod M(2,4,6,10,11,12,13,14,15)$

6. 已知逻辑函数
$$F_1(A,B,C,D)=\sum m(0,3,4,5,7,9,10,13,14,15)$$
$$F_2(A,B,C,D)=\sum m(2,3,5,6,7,8,9,12,13,15)$$
用卡诺图化简法求 $F=F_1 \cdot F_2$ 和 $G=F_1+F_2$ 的最简与或表达式。

2.3.2 自测练习解答

一、填空题

1. 逻辑代数有<u>与</u>、<u>或</u>和<u>非</u>3 种基本运算。

2. 逻辑代数的 3 条重要规则是指<u>代入规则</u>、<u>反演规则</u>和<u>对偶规则</u>。

3. 逻辑函数表达式有<u>标准与或式</u>和<u>标准或与式</u>两种标准形式。

4. 由 n 个变量构成的任何一个最小项有<u>1</u>种变量取值使其值为 1,任何一个最大项有 2^n-1 种变量取值使其值为 1。

5. 相同变量构成的最小项 m_i 和最大项 M_i,应满足 $m_i \cdot M_i=\underline{0}$,$M_i+m_i=\underline{1}$。

6. 逻辑函数 $F=AB+\overline{A}\,\overline{B}$ 的反函数 $\overline{F}=\underline{(\overline{A}+\overline{B})(A+B)}$,对偶函数 $F'=\underline{(A+B)(\overline{A}+\overline{B})}$。

7. 逻辑函数 $F=(A+B)(\overline{A}+C)(C+DE)+\overline{E}$ 的反函数 $\overline{F}=\underline{[\overline{A}\overline{B}+A\overline{C}+\overline{C}(\overline{D}+\overline{E})] \cdot E}$,对偶函数 $F'=\underline{[AB+\overline{A}C+C(D+E)] \cdot \overline{E}}$。

8. 逻辑函数 $P=A[\overline{B}+(C\overline{D}+\overline{E}F)G]$ 的反函数 $\overline{P}=\underline{\overline{A}+B[(\overline{C}+D)(E+\overline{F})+\overline{G}]}$,对偶函数 $P'=\underline{A+[B(C+\overline{D})(\overline{E}+F)+G]}$。

9. 逻辑函数 $F(A,B,C,D)=B\overline{C}\overline{D}+\overline{A}B+AB\overline{C}D+BC$ 的"最小项之和"形式为 $F(A,B,C,D)=\sum m\underline{(4\sim 7,12\sim 15)}$,"最大项之积"形式为 $F(A,B,C,D)=$

$\prod M (0\sim 3, 8\sim 11)$。

10. 逻辑函数 $F(A,B,C,D) = \overline{A}\,\overline{B} + ABD + B + CD$ 的标准与或表达式为 $F(A,B,C,D) = \sum m(3\sim 15)$，标准或与表达式为 $F(A,B,C,D) = \prod M(0,1,2)$。

二、选择题

1. C   2. B   3. A,B,D   4. A,C,D   5. A,C

三、判断改错题

1. √

2. × 逻辑函数 $F = A \oplus B \oplus C$ 和 $G = A \odot B \odot C$ 满足 $F = G$。

3. × 由 n 个变量构成的两个不同最大项 M_i 和 M_j 满足 $M_i + M_j = 1$。

4. × 根据反演规则，逻辑函数 $F = \overline{A}(B + \overline{C}D) + AC$ 的反函数 $\overline{F} = [A + \overline{B}(C + \overline{D})] \cdot (\overline{A} + \overline{C})$。

5. × 若逻辑函数 $F(A,B,C) = \prod M(0,2,5)$，则 $F'(A,B,C) = \sum m(2,5,7)$。

6. √

7. √

8. √

9. √

10. × 逻辑表达式为 $F = (A+B) \cdot C$。

11. √

12. × 逻辑函数 $F = G$。

13. (1) × $a=1, b=0$ 时最简。
    (2) √

14. × 卡诺图不适合 6 变量以上函数的化简。

15. × F' 和 G' 相等。

四、证明题

1. $A\overline{B} \oplus \overline{A}B = \overline{A\overline{B}} \cdot \overline{A}B + A\overline{B} \cdot \overline{\overline{A}B}$
   $= (\overline{A}+B)\overline{A}B + A\overline{B}(A+\overline{B})$
   $= \overline{A}B + \overline{A}B + A\overline{B} + A\overline{B}$
   $= \overline{A}B + A\overline{B}$

2. $(A \oplus B) \odot AB = \overline{A \oplus B} \cdot \overline{AB} + (A \oplus B)AB$
$= (\overline{A}\,\overline{B} + AB)\overline{AB} + (\overline{A}B + A\overline{B})AB$
$= \overline{A}\,\overline{B} \cdot \overline{AB}$
$= \overline{A}\,\overline{B}(\overline{A} + \overline{B})$
$= \overline{A}\,\overline{B}$

3. $A\overline{B} + \overline{A}C + B\overline{C} = A\overline{B} + \overline{A}C + B\overline{C} + BC + A\overline{C} + \overline{A}B$
$= A(\overline{B} + \overline{C}) + (\overline{A} + \overline{B})C + B \cdot (\overline{A} + \overline{C})$
$= A\,\overline{BC} + \overline{AB}C + B\,\overline{AC}$
$= A\,\overline{ABC} + C\,\overline{ABC} + B\,\overline{ABC}$
$= \overline{ABC}(A + B + C)$

4. $AB\overline{C} + \overline{ABC} + \overline{AB} = AB\overline{C} + \overline{ABC} \cdot \overline{AB}$
$= AB\,\overline{AB} + AB\,\overline{C} + \overline{ABC}\,\overline{AB}$
$= AB(\overline{AB} + \overline{C}) + \overline{ABC}\,\overline{AB}$
$= AB\,\overline{ABC} + \overline{ABC}\,\overline{AB}$
$= \overline{ABC}$

5. $\overline{\overline{AB} + \overline{AC}} = \overline{\overline{AB}} \cdot \overline{\overline{AC}}$
$= (\overline{A} + B)(A + \overline{C})$
$= A\overline{B} + \overline{A}\,\overline{C} + B\,\overline{C}$
$= A\overline{B} + \overline{A}\,\overline{C}$

6. $AB + A\overline{B} + \overline{A}B + \overline{A}\,\overline{B} = A(B + \overline{B}) + \overline{A}(B + \overline{B})$
$= A + \overline{A} = 1$

7. $A\,\overline{ABC} = A(\overline{A} + \overline{B} + \overline{C})$
$= A\overline{B} + A\overline{C}$
$= A\overline{B}(\overline{C} + C) + A\overline{C}(\overline{B} + B)$
$= A\overline{B}\,\overline{C} + A\overline{B}C + A\overline{B}\,\overline{C} + AB\overline{C}$
$= A\overline{B}\,\overline{C} + A\overline{B}C + AB\overline{C}$

8. $\overline{A\overline{B} + B\overline{C} + \overline{A}C} = \overline{A\overline{B}} \cdot \overline{B\overline{C}} \cdot \overline{\overline{A}C}$
$= (\overline{A} + B)(\overline{B} + C)(A + \overline{C})$
$= (\overline{A}\,\overline{B} + \overline{A}C + BC)(A + \overline{C})$
$= ABC + \overline{A}\,\overline{B}\,\overline{C}$

五、化简题

1.(1) $F = AB + \overline{A}C$ （最简与或式）

$= \overline{\overline{AB} \cdot \overline{\overline{A}C}}$ （与非式）

(2) $F = A+B$ （最简与或式）

$\quad = \overline{\overline{A} \cdot \overline{B}}$ （与非式）

(3) $F = \overline{B}\,\overline{C}+AB+\overline{A}C$ （最简与或式）

$\quad = \overline{\overline{\overline{B}\,\overline{C}} \cdot \overline{AB} \cdot \overline{\overline{A}C}}$ （与非式）

2.(1) $F = B(C+D)$ （最简或与式）

$\quad = \overline{\overline{B}+\overline{C+D}}$ （或非式）

(2) $F = (A+B+D)(B+C+D)$ （最简或与式）

$\quad = \overline{\overline{A+B+D}+\overline{B+C+D}}$ （或非式）

(3) $F = (\overline{A}+\overline{C})(B+\overline{C})$ （最简或与式）

$\quad = \overline{\overline{\overline{A}+\overline{C}}+\overline{B+\overline{C}}}$ （或非式）

3. 作出函数 F 的卡诺图,如图 2.8 所示。合并卡诺图上的 1 方格,得到函数 F 的最简与或式为

$$F = \overline{A}C\overline{D}+\overline{A}BC+AB\overline{C}+ACD$$

合并卡诺图上的 0 方格,得到 $\overline{F}$ 的最简与或式为

$$\overline{F} = \overline{A}\,\overline{C}D+\overline{A}\,\overline{B}C+A\overline{B}\,\overline{C}+AC\overline{D}$$

对 $\overline{F}$ 取反,即可得到 F 的最简与或非式为

$$F = \overline{\overline{A}\,\overline{C}D+\overline{A}\,\overline{B}C+A\overline{B}\,\overline{C}+AC\overline{D}}$$

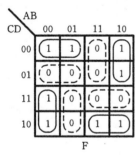

图 2.8 卡诺图

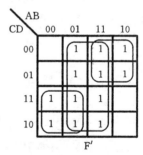

图 2.9 卡诺图

4. 首先求出 F 的对偶式

$$F'(A,B,C,D) = A\overline{C}+AB+\overline{A}C+B\overline{D}+B\overline{C}$$

并作出 F' 的卡诺图,如图 2.9 所示,经化简后得到 F' 的最简与或式为

$$F'(A,B,C,D) = B+\overline{A}C+A\overline{C}$$

然后,对 F' 取对偶,得到 F 的最简或与式为

$$F(A,B,C,D) = B \cdot (\overline{A}+C)(A+\overline{C})$$

5.(1) $F(A,B,C,D) = \overline{A}\,\overline{B}+B\overline{C}+AC$

$\quad = (\overline{A}+B+C)(A+\overline{B}+\overline{C})$

(2) $F(A,B,C,D) = B\overline{C} + \overline{B}C$
$= (B+C)(\overline{B}+\overline{C})$

(3) $F(A,B,C,D) = B + D$

(4) $F(A,B,C,D) = \overline{A}D + \overline{B}\,\overline{C}$
$= (\overline{A}+\overline{B})(\overline{A}+\overline{C})(\overline{B}+D)(\overline{C}+D)$

6. 根据"与"运算和"或"运算法则及 F_1 和 F_2 的标准与或式,可求出 F 和 G 的标准与或式为

$$F(A,B,C,D) = F_1 \cdot F_2 = \sum m(3,5,7,9,13,15)$$

$$G(A,B,C,D) = F_1 + F_2 = \sum m(0, 2 \sim 9, 10, 12 \sim 15)$$

作出 F 和 G 的卡诺图,如图 2.10 所示,化简后得到 F 和 G 的最简与或式为
$F = BD + \overline{A}CD + A\overline{C}D$
$G = B + \overline{D} + \overline{A}C + A\overline{C}$

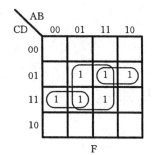
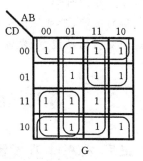

图 2.10 卡诺图

第 3 章

集成门电路与触发器

知识要点

- 半导体器件的类型
- 半导体器件的开关特性
- 逻辑门电路的功能、外部特性及器件的使用方法
- 几种常用触发器的功能、触发方式与外部工作特性

3.1 重点与难点

3.1.1 半导体器件的类型

可以从不同的角度对集成电路进行分类,通常有如下 3 种分类方法。

1. 根据采用的半导体器件分类

根据所采用半导体器件的不同,目前常用的数字集成电路可以分为双极型集成电路和 MOS 集成电路两大类。双极型集成电路又可分为 TTL 电路、ECL 电路和 I^2L 电路等类型。MOS 集成电路又可分为 PMOS、NMOS 和 CMOS 等类型。

2. 根据集成规模的大小分类

根据集成电路规模的大小,通常将其分为小规模集成电路(SSI)、中规模集成电路(MSI)、大规模集成电路(LSI)和超大规模集成电路(VLSI)。分类的依据是一片集成电路芯片中所包含的元器件数目。值得指出的是,用来作为分类依据的元器件数目不是一种绝对精确的数量概念,而仅仅是一个大致范围。

3. 根据设计方法和功能定义分类

根据设计方法和功能定义,数字集成电路可分为非用户定制电路(又称为标准集成电路)、全用户定制电路(又称为专用集成电路 ASIC)和半用户定制电路。

非用户定制电路具有生产量大、使用广泛、价格便宜等优点。全用户定制电路是为了满足用户特殊应用要求而专门生产的集成电路,具有可靠性高、保密性好等优点,但一般设计费用高。半用户定制电路则介于两者之间,既具有标准集成电路的通用性,又可由用户进行功能定义来满足各种特殊要求。

3.1.2 半导体器件的开关特性

数字电路中的晶体二极管、双极型晶体三极管(简称 BJT)和 MOS 管等器件一般是以开关方式运用的。研究这些器件的开关特性时,除了要研究它们在导通与截止两种状态下的静止特性外,还要分析它们在导通和截止状态之间的转变过程,即动态特性。

1. 二极管的开关特性

(1) 静态特性

二极管的静态特性表现为:正向导通(外加电压 v_D >门槛电压 V_{TH},一般锗管约 0.3V,硅管约 0.7V),相当于开关闭合;反向截止(外加电压 v_D <门槛电压 V_{TH})相当于开关断开。

(2) 动态特性

二极管的动态特性是指二极管在导通与截止两种状态转换过程中的特性。由于晶体管内部电荷的"建立"和"消散"都需要一个过程,所以完成两种状态之间的转换需要一定的时间。通常把二极管从正向导通到反向截止所需要的时间称为**反向恢复时间**,而把二极管从反向截止到正向导通的时间称为**开通时间**。相比之下,开通时间很短,一般可以忽略不计。因此,影响二极管开关速度的主要因素是反向恢复时间:

$$反向恢复时间\ t_{re} = 存储时间\ t_s + 渡越时间\ t_t$$

2. 晶体三极管(BJT)的开关特性

(1) 静态特性

双极型晶体三极管(BJT)由集电结和发射结两个 PN 结构成。根据两个 PN 结的偏置极性,三极管有截止、放大、饱和 3 种工作状态。通过输入电压 v_I 对基极电压加以控制,可使三极管工作在截止、放大、饱和 3 种工作状态。在数字逻辑电路中,三极管被作为开关元件工作在饱和与截止两种状态,相当于一个由基极信号控制的无触点开关,其作用对应于触点开关的"闭合"与"断开"。

截止状态 当输入电压 v_I 小于晶体管阈值电压 V_{TH} 时,晶体管工作在截止状态,此时,晶体三极管类似于开关断开。

饱和状态 当输入电压 v_I 大于某一数值,使得晶体管的发射结和集电结均处于正偏时,晶体管工作在饱和状态,此时,晶体三极管类似于开关接通。

(2) 动态特性

晶体三极管在饱和与截止两种状态转换过程中具有的特性称为三极管的动态特性。三极管的开关过程和二极管一样,管子内部也存在着电荷的建立与消失过程。因此,饱和与截止两种状态的转换也需要一定的时间才能完成。晶体三极管动态特性通常用"开通时间"和"关闭时间"衡量。

开通时间 指三极管从截止到饱和导通所需要的时间,记为 t_{ON}。

开通时间 t_{ON} = 延迟时间 t_d + 上升时间 t_r

关闭时间 指三极管从饱和导通到截止所需要的时间,记为 t_{OFF}。

关闭时间 t_{OFF} = 存储时间 t_s + 下降时间 t_f

3. MOS 管的开关特性

MOS 集成电路的基本元件是 MOS 晶体管。MOS 晶体管是一种电压控制器件,它的 3 个电极分别称为栅极(G)、漏极(D)和源极(S),由栅极电压控制漏源电流。MOS 晶体管根据结构的不同可分为 P 型沟道 MOS 管和 N 型沟道 MOS 管两种,每种又可按其工作特性进一步分为增强型和耗尽型两类。

(1) 静态特性

MOS 管作为开关应用时,同样是交替工作在截止与饱和两种工作状态。

N 型沟道增强型 MOS 管的开关特性为:当栅源电压 v_{GS} < 开启电压 V_{TN} 时,管子工作在截止状态,类似于开关断开;当栅源电压 v_{GS} > 开启电压 V_{TN} (大约在 1~2V 之间),且漏源电压加大到一定程度,满足 $v_{DS} \geq v_{GS} - V_{TN}$ 时,管子工作在饱和状态,类似于开关接通。

P 型沟道增强型 MOS 管与 N 型沟道增强型 MOS 管所不同的是,其工作电压 v_{GS} 和 v_{DS} 均为负电压,开启电压 V_{TP} 一般大约在 $-2.5 \sim -1.0$V 之间。

(2) 动态特性

MOS 管在导通与截止两种状态发生转换时同样存在过渡过程,但其动态特性主要取决于与电路有关的电容充、放电所需的时间,而 MOS 内部电荷"建立"和"消散"的时间很短。

3.1.3 集成门电路

最常用的集成门电路有 TTL 系列集成逻辑门和 CMOS 系列集成逻辑门两大类。就其功能而言，常用的有与门、或门、非门、与非门、或非门、与或非门、异或门以及集电极开路（OC）门、三态（TS）门等。表 3.1 给出了常用逻辑门的逻辑符号与功能。

表 3.1 常用逻辑门电路

名称	符号	表达式	名称	符号	表达式
与门	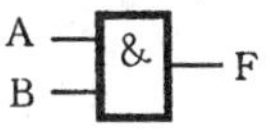 A、B &→F	$F = A \cdot B$	与或非门	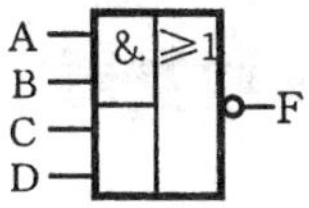 A、B、C、D &≥1→F	$F = \overline{AB + CD}$
或门	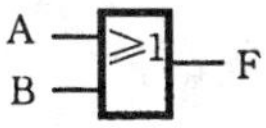 A、B ≥1→F	$F = A + B$	异或门	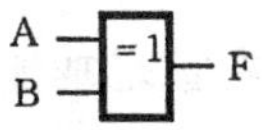 A、B =1→F	$F = A \oplus B$
非门	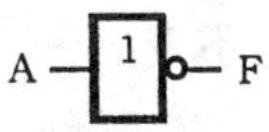 A 1→F	$F = \overline{A}$	同或门	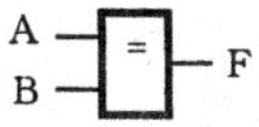 A、B =→F	$F = A \odot B$
与非门	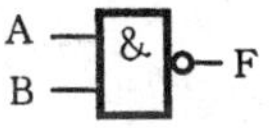 A、B &→F	$F = \overline{A \cdot B}$	OC 门	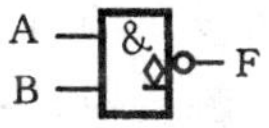 A、B &→F	$F = \overline{A \cdot B}$ 输出端可以对接
或非门	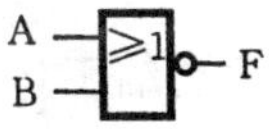 A、B ≥1→F	$F = \overline{A + B}$	三态门	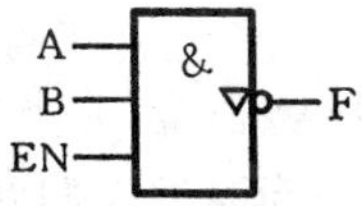 A、B、EN &→F	$F = \overline{A \cdot B}$ EN 有效

1. 外部特性参数

集成逻辑门的主要外部特性参数有输出高、低逻辑电平，开门电平，关门电平，扇入系数，扇出系数，输入短路电流，输入漏电流，平均传输时延和空载功耗等。

2. 集成门电路的应用特点

① 在进行逻辑设计时，各类逻辑门可实现与其对应的逻辑运算功能。

② OC 门的输出端可以直接连接,实现"线与",此外可实现电平转换和直接驱动发光二极管等。

③ TS 门主要用于总线传送,多个 TS 门的输出端可直接与总线连接,实现数据分时传送。

④ 用逻辑门构成实际电路时,对集成门的多余输入端必须恰当处理。例如,TTL 与门和与非门的多余输入端可通过电阻接电源,或门和或非门的多余输入端可通过电阻接"地"。CMOS 与门和与非门的多余输入端可直接接 $+V_{DD}$;CMOS 或非门的多余输入端可接"地"等。总之,既要避免因多余输入端悬空造成干扰信号窜入,又要保证对多余输入端的处置不影响既定的逻辑功能。

3.1.4 集成触发器

1. 触发器的工作特性

触发器是一种具有记忆功能的电子器件,它具有如下特点:

① 触发器有两个互补的输出端 Q 和 $\overline{Q}$。

② 触发器有两个稳定状态。输出端 $Q=1$、$\overline{Q}=0$ 称为"1"状态;$Q=0$、$\overline{Q}=1$ 称为"0"状态。当输入信号不发生变化时,触发器状态稳定不变。

③ 在一定输入信号作用下,触发器可以从一个稳定状态转移到另一个稳定状态,并在输入信号撤销后,保持新的状态不变。通常把输入信号作用之前的状态称为"现态",而把输入信号作用后的状态称为触发器的"次态"。

由上述特点可知,触发器是存储一位二进制信息的理想器件。

2. 触发器的分类

集成触发器的种类很多,分类方法也各不相同。按触发器的工作方式,可将其分为基本 R-S 触发器和时钟控制触发器;按触发器的逻辑功能通常将其分为 R-S 触发器、D 触发器、J-K 触发器和 T 触发器 4 种不同类型;按电路结构和触发方式,又可进一步将时钟控制触发器分为电位触发方式的钟控触发器、主从触发器和边沿触发器(包括正边沿触发和负边沿触发)。

3. 触发器的功能

触发器的功能通常用功能表、次态方程和激励表进行描述,表 3.2 给出了常用触发器的逻辑符号和功能描述。

表 3.2 常用触发器的逻辑符号和功能

名称		逻辑符号	功能表		激励表			次态方程
基本 R-S 触发器	与非门构成	(图) $\bar{Q}$ Q R S	R S 0 0 0 1 1 0 1 1	Q^{n+1} d 0 1 Q	Q Q^{n+1} 0 0 0 1 1 0 1 1	R S d 1 1 0 0 1 1 d		$Q^{n+1}=\bar{S}+RQ$ $R+S=1$(约束方程)
	或非门构成	(图) $\bar{Q}$ Q R S	R S 0 0 0 1 1 0 1 1	Q^{n+1} Q 1 0 d	Q Q^{n+1} 0 0 0 1 1 0 1 1	R S d 0 0 1 1 0 0 d		$Q^{n+1}=S+\bar{R}Q$ $R \cdot S=0$(约束方程)
时钟控制触发器	R-S 触发器	(图) $\bar{Q}$ Q S_D IR CI IS	R S 0 0 0 1 1 0 1 1	Q^{n+1} Q 1 0 d	Q Q^{n+1} 0 0 0 1 1 0 1 1	R S d 0 0 1 1 0 0 d		$Q^{n+1}=S+\bar{R}Q$ $R \cdot S=0$(约束方程)
	D 触发器	(图) R_D $\bar{Q}$ Q S_D CI ID	D 0 1	Q^{n+1} 0 1	Q Q^{n+1} 0 0 0 1 1 0 1 1	D 0 1 0 1		$Q^{n+1}=D$
	T 触发器	(图) R_D $\bar{Q}$ Q S_D CI IT	T 0 1	Q^{n+1} Q $\bar{Q}$	Q Q^{n+1} 0 0 0 1 1 0 1 1	T 0 1 1 0		$Q^{n+1}=T\oplus Q$
	J-K 触发器	(图) R_D $\bar{Q}$ Q S_D IK CI IJ	J K 0 0 0 1 1 0 1 1	Q^{n+1} Q 0 1 $\bar{Q}$	Q Q^{n+1} 0 0 0 1 1 0 1 1	J K 0 d 1 d d 1 d 0		$Q^{n+1}=J\bar{Q}+\bar{K}Q$

4. 触发器的性能参数

集成触发器的参数可以分为**直流参数**和开关参数两大类。直流参数包括电源电流 I_E,低电平输入电流 I_{IL},高电平输入电流 I_{IH},输出高电平 V_{OH} 和输出低电平

V_{OL},以及扇出系数 N_O 等。开关参数有最高时钟频率 f_{max} 和对时钟信号的延迟时间等。

5. 触发器的相互转换

不同类型的时钟控制触发器,通过外接适当的逻辑电路可以实现逻辑功能的转换。由于触发器的逻辑功能有多种描述方法,所以,触发器之间的转换也就有各种不同的方法,如直接观察分析法、次态方程联立法、功能表与激励表联立法等。不管采用何种方法,转换的关键都是设法求出转换逻辑电路。

3.2 例题精选

例 3-1 在图 3.1 所示电路中,如果 $R_A = 1.5\text{k}\Omega$,$R_B = 18\text{k}\Omega$,$R_C = 1\text{k}\Omega$,$V_{CC} = 12\text{V}$,$V_B = -12\text{V}$,$V_Q = 2.5\text{V}$,输入信号 v_I 的高电平为 3.2V,低电平为 0.3V。试问:

(1) 当半导体晶体管 $\beta = 30$ 时,三极管能否可靠地工作在"饱和"与"截止"两种开关状态?

(2) 为了保证半导体三极管在输入信号为高电平时能可靠"饱和",三极管的 β 值最小应为多少?

(3) 为了保证半导体三极管在输入信号为低电平时能可靠"截止",负电源 V_B 的绝对值最小应为多少?

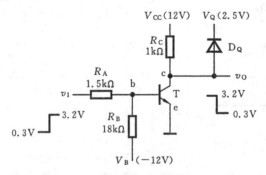

图 3.1 晶体三极管(BJT)反相器电路

解 分析:半导体三极管作为开关应用时,是以三极管的集电极和发射极作为开关的两端。当三极管可靠地工作在"截止"状态时,集电极与发射极之间呈高阻状态,基极和集电极电流近似为 0,对应开关断开;当三极管可靠地工作在"饱和"

状态时,集电极与发射极之间呈低阻状态,三极管的饱和压降 $v_{ces} \approx 0.3\text{V}$,对应开关闭合。三极管在基极控制下进行两种工作状态之间的转换。

三极管的截止条件: $v_{be} \leqslant 0$。

三极管的饱和条件: $v_{be} > 0$ 且 i_b(基极驱动电流) $\geqslant I_{BS}$(基极临界饱和电流) $= \frac{1}{\beta} I_{CS}$(集电极饱和电流)。

根据三极管截止与饱和的条件,可判别电路中三极管是否工作在开关状态,或者指定参数是否满足开关状态工作条件。

(1) 当输入信号为低电平,即当 $v_I = 0.3\text{V}$ 时,有

$$v_{be} = v_b - v_e = v_I - \frac{R_A}{R_A + R_B}(v_I + V_B)$$

$$= 0.3\text{V} - \frac{1.5}{1.5 + 18}(0.3 + 12)\text{V}$$

$$\approx -0.65\text{V} < 0\text{V}$$

三极管满足截止条件,能可靠地工作在截止状态。

当输入信号为高电平,即当 $v_I = 3.2\text{V}$ 时,有

$$v_{be} = v_b - v_e = v_I - \frac{R_A}{R_A + R_B}(v_I + V_B)$$

$$= 3.2\text{V} - \frac{1.5}{1.5 + 18}(3.2 + 12)\text{V}$$

$$\approx 2.03\text{V} > 0\text{V}$$

三极管导通,发射结上的压降 $v_{bes} = 0.7\text{V}$。

且

$$i_b = \frac{v_I - v_{bes}}{R_A} - \frac{V_B + v_{bes}}{R_B}$$

$$= \left(\frac{3.2 - 0.7}{1.5} - \frac{12 + 0.7}{18}\right)\text{mA} \approx 0.96\text{mA}$$

$$I_{BS} = \frac{1}{\beta} I_{CS} = \frac{1}{\beta} \frac{V_{CC} - v_{ces}}{R_C}$$

$$= \frac{1}{30} \times \frac{12 - 0.3}{1} \text{mA} \approx 0.39\text{mA}$$

有 $i_b \geqslant I_{BS}$,三极管满足饱和条件,能可靠地工作在饱和状态。

所以,当半导体晶体管 $\beta = 30$ 时,三极管能可靠地工作在饱和与截止两种状态。

(2) 设在输入高电平时,三极管处于临界饱和状态,$i_b = I_{BS}$。即

$$I_{BS} = \frac{1}{\beta} I_{CS} = \frac{1}{\beta} \frac{V_{CC} - v_{ces}}{R_C} = i_b$$

代入相应数据后有 $\dfrac{1}{\beta} \times \dfrac{12-0.3}{1}$ mA≈0.96mA,求得 $\beta \approx 12$。

因此,为使三极管在输入高电平时能可靠饱和,三极管的 β 值最小应大于 12。

(3) 设在输入低电平时,三极管处于临界截止状态 $v_{be}=0$,即

$$v_{be} = v_1 - \dfrac{R_A}{R_A + R_B}(v_1 - V_B) = 0$$

代入相应数据后有 $0.3\text{V} - \dfrac{1.5}{1.5+18}(0.3\text{V} - V_B) = 0$,求得 $V_B \approx -3.6\text{V}$。因此,为使三极管在输入低电平时能可靠截止,V_B 的绝对值最小应大于 3.6V。

例 3-2 在图 3.2 所示电路中,G_1、G_2 为 TTL 与非门,其输出高电平 $V_{OH}=3.6\text{V}$,输出低电平 $V_{OL}=0.3\text{V}$;三极管工作在开关状态,饱和导通时发射结上的压降 $v_{bes}=0.7\text{V}$,$v_{ces}=0.3\text{V}$;发光二极管的导通压降 $v_D=2\text{V}$,发光时要求流过二极管的正向电流 i_D 为 (5~10)mA。请问:

(1) 与非门 G_1、G_2 工作在什么状态下才可能使发光二极管导通?

(2) 计算出二极管导通时正向电流 i_D 的值,该电流值能使发光二极管发光吗?

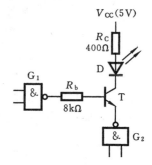

图 3.2 逻辑电路

解 分析:由图 3.2 可知,发光二极管经 V_{CC}、限流电阻 R_C、通过三极管开关及与非门 G_2 的输出端形成回路。而三极管的开关状态,即截止(相当于断开)或饱和(相当于闭合)是由与非门 G_1 通过三极管基极进行控制的。

(1) 由分析可知,仅当与非门 G_1 输出高电平(3.6V)、与非门 G_2 输出低电平(0.3V)时,才能使三极管工作在饱和导通状态(三极管开关闭合),形成工作回路。此时电源 V_{CC} 经电阻 R_C 加至发光二极管 D,其压差为 $V_{CC} - v_{ces} - V_{OL} = 5\text{V} - 0.3\text{V} - 0.3\text{V} = 4.4\text{V}$,能使二极管 D 导通。

(2) 二极管 D 导通时,流过二极管的正向电流 i_D 为

$$i_D \approx \dfrac{V_{CC} - v_D - v_{ces} - V_{OL}}{R_C}$$

$$= \dfrac{5\text{V} - 2\text{V} - 0.3\text{V} - 0.3\text{V}}{400\Omega} = 6\text{mA}$$

由计算结果可知,流过二极管的正向电流 i_D 满足二极管发光时对电流的要求,能使发光二极管发光。

例 3-3 分析图 3.3 所示的 CMOS 电路,指出该电路的逻辑功能。

解 分析:图 3.3 所示电路实际上是由 3 个 CMOS 反相器和一个 CMOS 或非

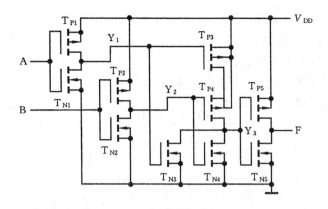

图 3.3 CMOS 电路

门组成的。图中，T_{P1} 和 T_{N1}、T_{P2} 和 T_{N2}、T_{P5} 和 T_{N5} 分别构成反相器，T_{P3}、T_{P4}、T_{N3} 和 T_{N4} 构成一个 2 输入或非门。据此，可写出电路各级表达式如下：

$$Y_1 = \overline{A}$$
$$Y_2 = \overline{B}$$
$$Y_3 = \overline{Y_1 + Y_2} = \overline{\overline{A} + \overline{B}} = A \cdot B$$
$$F = \overline{Y_3} = \overline{A \cdot B}$$

由电路输出表达式可知，该电路实现 2 输入与非门的逻辑功能。

例 3-4 分析图 3.4 所示电路，指出电路 (a) 和 (b) 各实现何逻辑功能。

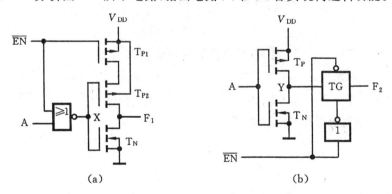

图 3.4 逻辑电路

解 在图 3.4(a) 所示电路中，当 $\overline{EN}=1$ 时，T_{P1} 截止，同时或非门输出 $X=0$，使 T_N 截止，故输出呈高阻状态；当 $\overline{EN}=0$ 时，T_{P1} 导通，T_{P2} 和 T_N 构成一个反相器，反相器的输入 $X=\overline{A}$，反相器的输出 $F_1=A$。所以图 3.4(a) 所示电路是一个三态缓冲器。

图 3.4(b)所示电路由一个 CMOS 反相器、一个传输门和一个非门组成,当 $\overline{EN}$ =1 时,传输门截止,输出呈高阻状态;当 $\overline{EN}$ =0 时,传输门导通,输出 $F_2=\overline{A}$,所以图 3.4(b)所示电路是一个三态反相器。

例 3-5 分析图 3.5 所示逻辑电路,写出输出函数表达式,当输入 ABCD= 1011 时,指出各逻辑函数的取值。

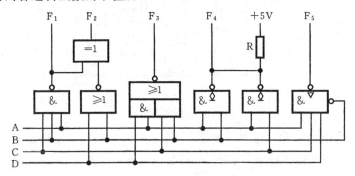

图 3.5 逻辑电路

解 根据图 3.5 所示逻辑电路,可写出各输出函数表达式如下:

$$F_1 = \overline{ABC}$$

$$F_2 = \overline{ABC} \oplus \overline{B+D} = \overline{AB} + \overline{CD} + \overline{BD} + \overline{BC}$$

$$F_3 = \overline{AD+BC} = \overline{AB} + \overline{BD} + \overline{AC} + \overline{CD}$$

$$F_4 = \overline{AB} \cdot \overline{AC} = \overline{A} + \overline{BC}$$

$$F_5 = \overline{B} \cdot \overline{ACD} = \overline{AB} + \overline{BC} + \overline{BD}$$

当输入 ABCD=1011 时,各逻辑函数的取值依次为 $F_1=1, F_2=1, F_3=0, F_4=0, F_5=0$。求解该题的关键是掌握各类逻辑门的符号及其功能。

例 3-6 画一个 CMOS 与或非门电路图,实现逻辑函数 $F=\overline{AB+CD}$ 的功能。

解 假定将函数表达式作如下变换:

$$F = \overline{AB+CD}$$

$$= \overline{\overline{AB} \cdot \overline{CD}} = \overline{\overline{\overline{AB} \cdot \overline{CD}}}$$

根据变换后的表达式,可画出对应的 CMOS 电路,如图 3.6 所示。

图 3.6 所示电路由 3 个 CMOS 与非门电路和 1 个 CMOS 反相器组成,图中

$$Y_1 = \overline{AB} \quad Y_2 = \overline{CD} \quad Y_3 = \overline{Y_1 Y_2} = \overline{\overline{AB}\,\overline{CD}}$$

$$F = \overline{Y_3} = \overline{\overline{\overline{AB}\,\overline{CD}}} = \overline{AB+CD}$$

值得指出的是,实现各种逻辑功能的 CMOS 电路不是唯一的,读者可以按照各自的思路设计出实现指定函数功能的不同电路。

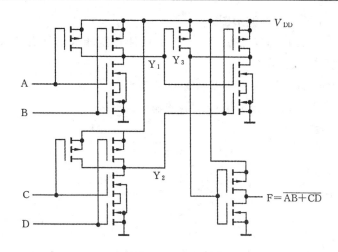

图 3.6 CMOS 电路

例 3-7 试指出下列 5 种逻辑门中哪几种的输出可以并联使用。
(1)TTL 集电极开路门； (2)具有推拉式输出的 TTL 与非门；
(3)TTL 三态输出门； (4)普通 CMOS 门；
(5)CMOS 三态输出门。

解 所谓逻辑门的输出并联使用，就是指将两个或两个以上的逻辑门的输出端引线直接相连，并联使用的目的是实现"线与"逻辑或分时共享同一根总线。

根据逻辑门电路的结构与特点可知，在给出的 5 种逻辑门中，(1)、(3)、(5)的输出可以并联使用。但(1)的输出并联使用，主要是实现"线与"逻辑；而(3)、(5)的输出并联使用，主要是实现对总线的分时共享，使用时必须注意，并联使用的各逻辑门的使能控制端信号不能同时有效，否则将引起总线上的信号混乱。

例 3-8 图 3.7(a)所示为三态门组成的总线换向开关电路，其中 A、B 为信号输入端，EN 为换向控制端。输入信号和控制电平波形如图 3.7(b)所示。

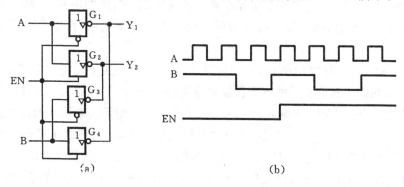

图 3.7 总线换向开关电路和输入波形

试画出输出 Y_1、Y_2 的波形图。

解 由图 3.7(a)可知,三态门 G_1、G_3 的使能控制端低电平有效,G_2、G_4 的使能控制端高电平有效。所以

当 EN=0 时,Y_1、Y_2 分别是 G_1、G_3 门的输出;

当 EN=1 时,Y_1、Y_2 分别是 G_4、G_2 的输出。即

当 EN=0 时
$$Y_1=\overline{A}$$
$$Y_2=\overline{B}$$

当 EN=1 时
$$Y_1=\overline{B}$$
$$Y_2=\overline{A}$$

据此,可根据图 3.7(b)所给定的 A、B 和 EN 输入波形,画出 Y_1、Y_2 的波形,如图 3.8 所示。

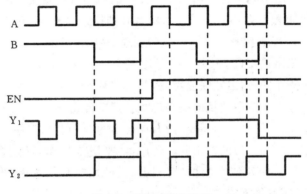

图 3.8 输入/输出波形

例 3-9 有两个相同型号的 TTL 与非门,对它们进行的测试,测试结果为:甲的开门电平 1.4V,关门电平 1.0V;乙的开门电平 1.5V,关门电平 0.9V。试问在输入相同高电平时,哪个抗干扰能力强?在输入相同低电平时,哪个抗干扰能力强?

解 就 TTL 与非门而言,开门电平 V_{ON} 的大小反映了高电平抗干扰能力,V_{ON} 越小,在输入高电平时的抗干扰能力越强;关门电平 V_{OFF} 的大小反映了低电平抗干扰能力,V_{OFF} 越大,在输入低电平时的抗干扰能力越强。本题中给出的测试结果表明,甲的开门电平比乙的小,而甲的关门电平比乙的大,所以不论输入相同高电平或者输入相同低电平,都是甲的抗干扰能力比乙的抗干扰能力强。

例 3-10 某 D 触发器的逻辑电路及输入波形如图 3.9(a)、(b)所示,试画出该触发器输出端 Q 的波形(设触发器初态为 0)。

第3章 集成门电路与触发器

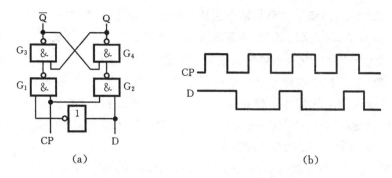

图 3.9 D 触发器的逻辑电路及输入波形

解 根据图 3.9(a)所示逻辑电路,可分析出该 D 触发器的工作原理如下:

① 当无时钟脉冲作用(CP=0)时,控制电路被封锁,无论 D 为何值,与非门 G_1、G_2 输出均为 1,触发器状态保持不变。

② 当有时钟脉冲作用(CP=1)时,若 D=0,则门 G_1 输出为 0,门 G_2 输出为 1,触发器状态被置 0;若 D=1,则门 G_1 输出为 1,门 G_2 输出为 0,触发器状态被置 1。

③ 在时钟脉冲作用(CP=1)期间,输入端 D 的变化,会引起与非门 G_1、G_2 输出信号的变化,进而引起触发器状态的变化,即存在"空翻"问题。

根据以上分析,可画出该 D 触发器在给定输入信号作用下输出端 Q 的波形,如图 3.10 所示。

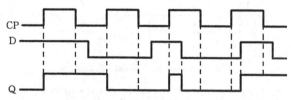

图 3.10 D 触发器的输出波形

例 3-11 设图 3.11(a)所示电路的初始状态 $Q_1=Q_2=0$,作用于两个触发器时钟端的信号波形如图 3.11(b)所示,试画出 Q_1、Q_2 的波形图。

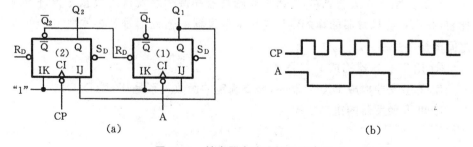

图 3.11 触发器电路及输入波形

解 图 3.11(a)所示电路由两个主从 J-K 触发器组成,其中触发器(1)的时钟端接输入信号 A,输入端 J 和 K 接逻辑"1",直接置 0 端 R_D 接触发器(2)的输出端 $\overline{Q_2}$;触发器(2)的时钟端接时钟输入信号 CP,输入端 J 接触发器(1)的输出端 Q_1,K 端接逻辑"1"。根据电路连接关系和 J-K 触发器的功能表,可得如下结论:

① 当输入信号 A 发生下跳变(由 1 变为 0)时,触发器(1)的状态将发生翻转;

② 当触发器(1)处于"1"状态(Q_1 为 1)时,时钟输入信号 CP 发生下跳变(由 1 变为 0)时,触发器(2)的状态将发生翻转;

③ 当触发器(2)的状态由"0"状态变为"1"状态($\overline{Q_2}$ 由 1 变为 0)时,$\overline{Q_2}$ 端的下跳变信号作用于触发器(1)的直接置 0 端 R_D,使触发器(1)的状态立即变为"0"状态。

根据以上结论,可画出两个触发器在给定的时钟端信号 A 和 CP 波形作用下触发器输出 Q_1、Q_2 的波形,如图 3.12 所示。

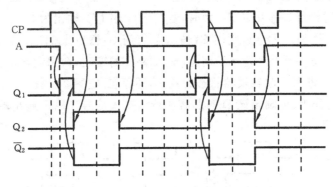

图 3.12 触发器电路的输出波形

例 3-12 试用 T 触发器和适当的门电路分别构成 D 触发器和 J-K 触发器。

解 触发器之间的转换有各种不同的方法,如直接观察分析法、次态方程联立法、激励表联立法等。

解法 I 次态方程联立法。

次态方程联立法的思路是:将现有触发器和待构触发器的次态方程进行对照比较,找出现有触发器的输入信号与待构触发器的输入信号及待构触发器的现态之间的函数关系。

① 用 T 触发器构成 D 触发器。

用 T 触发器构成 D 触发器时,需要确定的函数关系是 T=f(D,Q)。

已知 T 触发器的次态方程为

$$Q^{n+1} = \overline{T}Q + T\overline{Q} \qquad (3-1)$$

D 触发器的次态方程为

第 3 章 集成门电路与触发器

$$\begin{aligned}
Q^{n+1} &= D \\
&= D(Q+\overline{Q}) \\
&= DQ + D\overline{Q} \\
&= DQQ + D\overline{Q}\,\overline{Q} + D\overline{Q}Q + \overline{D}Q\overline{Q} \\
&= (DQ + \overline{D}Q)Q + (D\overline{Q} + \overline{D}Q)\overline{Q} \\
&= \overline{D \oplus Q}\,Q + (D \oplus Q)\overline{Q}
\end{aligned} \qquad (3\text{-}2)$$

比较方程(3-1)和(3-2)可得

$$T = D \oplus Q$$

据此可画出用 T 触发器和异或门构成的 D 触发器,如图 3.13(a)所示。

② 用 T 触发器构成 J-K 触发器时,需要确定的函数关系是 $T = f(J,K,Q)$。

已知 J-K 触发器的次态方程为

$$\begin{aligned}
Q^{n+1} &= J\overline{Q} + \overline{K}Q \\
&= J\overline{Q} + \overline{J}\,\overline{K}Q + \overline{K}Q \\
&= J\overline{Q} + \overline{J}\,\overline{K}Q + \overline{J}\,\overline{Q}Q + \overline{K}QQ + Q\overline{Q}Q \\
&= J\overline{Q} + (\overline{J}\,\overline{K} + \overline{J}\,\overline{Q} + \overline{K}Q + Q\overline{Q})Q \\
&= J\overline{Q} + (\overline{J} + Q)(\overline{K} + \overline{Q})Q \\
&= J\overline{Q}\,\overline{Q} + KQ\overline{Q} + (\overline{J} + Q)(\overline{K} + \overline{Q})Q \\
&= (J\overline{Q} + KQ)\overline{Q} + \overline{J\overline{Q} + KQ}\,Q
\end{aligned} \qquad (3\text{-}3)$$

比较方程(3-1)和(3-3)可得

$$T = J\overline{Q} + KQ$$

据此可画出用 T 触发器和异或门构成的 J-K 触发器,如图 3.13(b)所示。

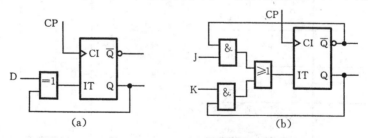

图 3.13 用 T 触发器构成的 D 触发器和 J-K 触发器

解法Ⅱ 激励表联立法。

激励表联立法的思路是将给定触发器和待构触发器的激励表进行对照比较,找出现有触发器的输入信号与待构触发器的输入信号及现态之间的函数关系。

① 给定 T 触发器和待构 D 触发器的激励表分别如表 3.3、表 3.4 所示,二者的联立激励表如表 3.5 所示。从表 3.5 中抽取出对应信号 T、D、Q 的 3 列,可形成

表 3.6 所示的真值表,该真值表反映了信号 T 与 D、Q 的函数关系。

根据表 3.6 可写出 T 与 D、Q 的函数关系为

$$T=D\overline{Q}+\overline{D}Q=D\oplus Q$$

表 3.3 T 触发器激励表

$Q\rightarrow Q^{n+1}$	T
0 0	0
0 1	1
1 0	1
1 1	0

表 3.4 D 触发器激励表

$Q\rightarrow Q^{n+1}$	D
0 0	0
0 1	1
1 0	0
1 1	1

表 3.5 联立激励表

$Q\rightarrow Q^{n+1}$	T	D
0 0	0	0
0 1	1	1
1 0	1	0
1 1	0	1

表 3.6 T 真值表

Q	D	T
0	0	0
0	1	1
1	0	1
1	1	0

该方法所得结果与解法Ⅰ所得结果相同。

② 给定 T 触发器和待构 J-K 触发器的联立激励表,如表 3.7 所示,从中抽取出有关 T、J、K、Q 信号的 4 列,可形成 T 的真值表如表 3.8 所示。

表 3.7 联立激励表

Q	Q^{n+1}	T	J	K
0	0	0	0	0
			0	1
0	1	1	1	1
			1	0
1	0	1	0	1
			1	1
1	1	0	0	0
			1	0

表 3.8 真值表

Q	J	K	T
0	0	0	0
0	0	1	0
0	1	0	1
0	1	1	1
1	0	0	0
1	0	1	1
1	1	0	0
1	1	1	1

根据表 3.8,可写出 T 与 J、K、Q 的函数关系为

$$T=J\overline{Q}+KQ$$

同样,该方法所得结果与解法Ⅰ所得结果相同。

比较以上两种解法:解法Ⅰ需要运用逻辑代数的公理、定理和规则进行推演,要求一定的技巧,推演时常需要多次拼凑、拆合,较难把握;解法Ⅱ的关键是找出现有触发器与待构触发器的联立激励表,相对而言,此种技术比解法Ⅰ容易掌握。

3.3 学习自评

3.3.1 自测练习

一、填空题

1. 晶体三极管有_____ 3 种工作状态,在数字系统中,一般工作在_____和_____两种状态。
2. 当与非门的输入全部为高电平时,其输出为_____电平。
3. 当异或门的一个输入端接逻辑 1 时,可实现_____的功能。
4. 每个触发器有_____个稳态,可记录_____位二进制码。
5. TTL 三态门的 3 种输出状态是_____、_____和_____。
6. 逻辑门电路的性能参数中,输入端个数称为_____,带同类门数量的多少称为_____。
7. T 触发器的次态方程为_____。
8. 由与非门组成的基本 R-S 触发器,不允许_____。

二、选择题

从下面各题的 4 个答案中选一个或多个正确答案,并将其代号写在题中的括号内。

1. 下列逻辑门中,可以实现 3 种基本运算的有( )。
    A. 与门　　　　B. 与非门　　　C. 或非门　　　D. 与或非门
2. 图 3.14 所示门电路中,( )对多于输入端的处理是错误的。

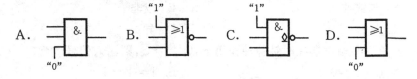

图 3.14　门电路

3. 下列触发器中,( )对输入信号没有约束。
    A. 基本 R-S 触发器　　　　　　B. 时钟控制 T 触发器
    C. 时钟控制 J-K 触发器　　　　D. 时钟控制 R-S 触发器
4. 当图 3.15 所示的虚线框内为( )时,可以实现 D 触发器转换为 T 触发器。

A. 或非门　　B. 与非门　　C. 异或门　　D. 同或门

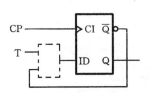

图 3.15　三态门电路

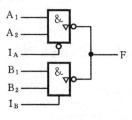

图 3.16　三态门电路

5. 在图 3.16 所示的三态门电路中,使能控制端 I_A 为 0 有效、I_B 为 1 有效。(　)不能保证该电路正常工作。

　　A. $I_A=0, I_B=0$　　　　　　B. $I_A=0, I_B=1$
　　C. $I_A=1, I_B=0$　　　　　　D. $I_A=1, I_B=1$

6. 图 3.17 所示电路实现的逻辑功能是(　)。

　　A. $F=\overline{ABC} \cdot \overline{DE}$　　　　　　B. $F=\overline{ABC}+\overline{DE}$
　　C. $F=\overline{\overline{ABC} \cdot \overline{DE}}$　　　　　　D. $F=\overline{\overline{ABC}+\overline{DE}}$

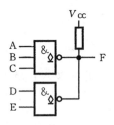

图 3.17　逻辑电路

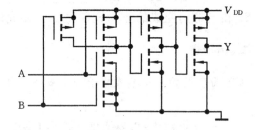

图 3.18　逻辑电路

7. 图 3.18 所示电路实现的逻辑功能是(　)。

　　A. 与或非　　　　　　B. 或非
　　C. 与非　　　　　　　D. 异或

8. 要使 J-K 触发器在时钟脉冲作用下,$Q^{n+1}=\overline{Q}$,则输入信号应为(　)。

　　A. $J=K=0$　　　　　　B. $J=K=1$
　　C. $J=1, K=0$　　　　　D. $J=0, K=1$

三、判断改错题

判断各题正误,正确的在括号内记"√",错误的在括号内记"×"并改正。

1. 一般来说,MOS 电路比双极型电路的工作速度更快。　　　　　(　)
2. 逻辑门的扇出系数 N_0 是指输出端的个数。　　　　　　　　　(　)

3. 三态门的输出有 3 种逻辑值。 （　）
4. 用或非门可以实现任意逻辑函数的功能。 （　）
5. 集成电路芯片 7400 中包含了 3 个 3 输入与非门。 （　）
6. 用或非门构成的基本 R-S 触发器不允许输入端 R、S 同时为"0"。 （　）
7. 时钟控制触发器仅当有时钟脉冲作用时，输入信号才能对触发器状态产生影响。 （　）
8. 触发器采用主从式结构或者增加维持阻塞功能，都可以克服"空翻"现象。
　　　　　　　　　　　　　　　　　　　　　　　　　　　　　　（　）

四、分析题

1. 试分析图 3.19(a)、(b) 所示 CMOS 电路的逻辑功能，写出输出函数表达式。

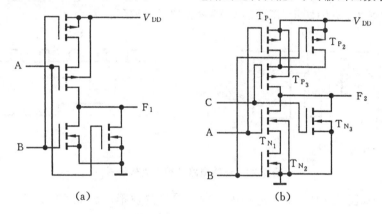

图 3.19　CMOS 门电路

2. 已知图 3.20（a）、(b) 所示逻辑电路中，输入信号 A 和 B 的波形如图(c)所示，假定触发器初态为 0，试画出图中两个触发器 Q 端的输出波形。

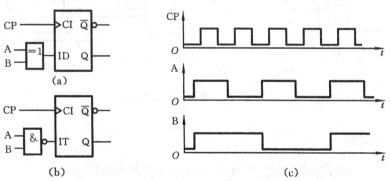

图 3.20　逻辑电路及输入信号波形

3. 已知图3.21(a)所示电路中的触发器为主从型J-K触发器,其初态为0,CP、A、B、C的波形如图3.21(b)所示,试画出Q端输出信号的波形。

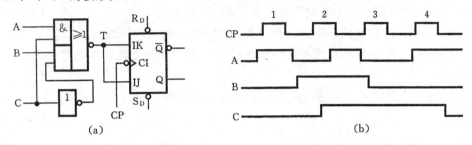

图3.21 逻辑电路及输入信号波形

4. 已知图3.22(a)所示电路中的触发器为D触发器,其初态为0,信号CP、A、B波形如图3.22(b)所示,试画出Q端输出信号的波形。

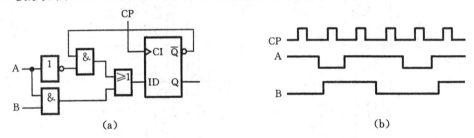

图3.22 逻辑电路及输入信号波形

5. 已知图3.23(a)所示电路中各输入信号的波形如图3.23(b)所示,试画出输出信号F的波形。

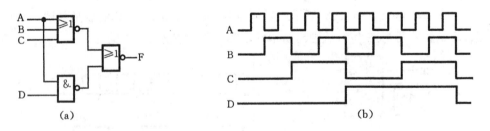

图3.23 逻辑电路及输入信号波形

五、设计题

1. 设计一个CMOS电路,实现图3.24所示逻辑电路的功能。
2. 用三态门组成一个可以实现2位二进制信息双向传输的逻辑电路。
3. 试用T触发器和门电路构成时钟控制R-S触发器。

4. 已知某电路输入 A、B、C、D 和输出 X、Y 的波形如图 3.25 所示,试设计出实现其功能的逻辑电路。

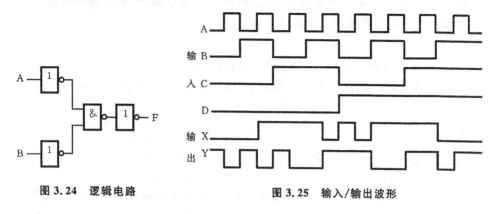

图 3.24　逻辑电路　　　　　　图 3.25　输入/输出波形

3.3.2　自测练习解答

一、填空题

1. 晶体三极管有 <u>截止、放大、饱和</u> 3 种工作状态,在数字系统中,一般工作在 <u>截止</u> 和 <u>饱和</u> 两种状态。
2. 当与非门的输入全部为高电平时,其输出为 <u>低</u> 电平。
3. 当异或门的一个输入端接逻辑 1 时,可实现 <u>反相器</u> 的功能。
4. 每个触发器有 <u>2</u> 个稳态,可记录 <u>1</u> 位二进制码。
5. TTL 三态门的 3 种输出状态是 <u>高电平</u> 、<u>低电平</u> 和 <u>高阻</u> 。
6. 逻辑门电路的性能参数中,输入端个数称为 <u>扇入</u>,带同类门数量的多少称为 <u>扇出</u> 。
7. T 触发器的次态方程为 <u>$Q^{n+1}=T\oplus Q$</u> 。
8. 由与非门组成的基本 R-S 触发器,不允许 <u>R,S 同时为 0</u> 。

二、选择题

1. B,C,D　　2. A,B　　3. B,C　　4. D
5. B　　　　6. A,B　　7. C　　　8. B

三、判断改错题

1. ×　一般来说,双极型电路比 MOS 电路的工作速度更快。

2. × 逻辑门的扇出系数 N_O 是指输出能带同类门数量的多少。

3. × 三态门有 3 种输出状态(即输出高电平、输出低电平和高阻状态),但并不代表 3 种不同的逻辑值。逻辑值只有"0"和"1"。

4. √

5. × 集成电路芯片 7400 中包含了 4 个 2 输入与非门。

6. × 用或非门构成的基本 R-S 触发器不允许输入端 R、S 同时为 "1"。

7. √

8. √

四、分析题

1. 在图 3.19(a)所示电路中,当输入信号 A、B 均为低电平时,两个 PMOS 管均导通,两个 NMOS 管均截止,输出 F_1 为高电平;当输入信号 A、B 只要有一个为高电平时,至少有一个 PMOS 管截止,且一个 NMOS 管导通,输出 F_1 为低电平。因此,该电路实现了"或非"逻辑功能,其输出函数表达式为 $F_1 = \overline{A+B}$。

在图 3.19(b)所示电路中,对应于输入信号 A、B、C 的不同取值组合,可列出电路中各 MOS 管的状态及输出信号 F_2 的取值如表 3.9 所示,表中"×"表示截止,"√"表示导通。

表 3.9 电路工作状况表

A B C	T_{P1}	T_{N1}	T_{P2}	T_{N2}	T_{P3}	T_{N3}	F_2
0 0 0	√	×	√	×	√	×	1
0 0 1	√	×	√	×	×	√	0
0 1 0	√	×	×	√	√	×	1
0 1 1	√	×	×	√	×	√	0
1 0 0	×	√	√	×	√	×	1
1 0 1	×	√	√	×	×	√	0
1 1 0	×	√	×	√	√	×	0
1 1 1	×	√	×	√	×	√	0

根据表 3.9,可写出输出函数表达式为

$$F_2 = \overline{A}\overline{B}\overline{C} + \overline{A}B\overline{C} + A\overline{B}\overline{C}$$
$$= \overline{A}\overline{C} + \overline{B}\overline{C}$$
$$= (\overline{A} + \overline{B})\overline{C}$$
$$= \overline{\overline{AB}\overline{C}}$$
$$= \overline{AB + C}$$

2. 根据给定输入波形和逻辑电路图,可画出两个触发器输出端 Q_D、Q_T 的波形,如图 3.26 所示。

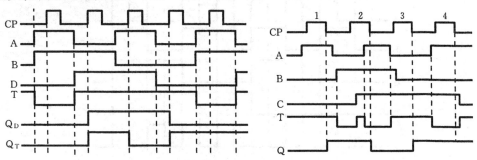

图 3.26 触发器 Q 端的输出波形　　　　图 3.27 波形图

3. 由图 3.21(a)可知,该电路将主从 J-K 触发器接成 T 触发器工作,激励信号 T 由输入信号 A、B、C 经门电路组合得出:$T=\overline{AC+B\overline{C}}$。

在 CP 信号作用下,当 T=0 时,触发器状态保持不变,当 T=1 时触发器状态翻转。据此可画出 T 及 Q 端的波形,如图 3.27 所示。值得注意的是,由于主从 J-K 触发器存在"一次翻转"现象,所以在第二个 CP 期间,触发器状态按照 T 的正向干扰进行转换。

4. 由图 3.22(a)可知,电路中触发器输入端 D 的值由电路输入信号 A、B 和触发器状态决定,其逻辑表达式为 $D=\overline{A}Q+AB$。根据 D 触发器的功能表,可画出该电路在图 3.22(b)所示输入信号作用下触发器输入端 D 和输出端 Q 的波形,如图 3.28 所示。

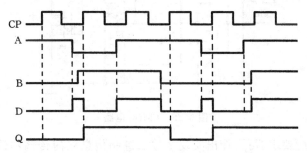

图 3.28 波形图

5. 根据图 3.23(a)所示电路,可写出电路输出函数 F 的表达式为

$$F = \overline{A+B+C+\overline{AD}}$$
$$= (A+B+C)AD$$
$$= AD+ABD+ACD$$
$$= AD$$

根据 F 的表达式,可画出输出信号的波形,如图 3.29 所示。

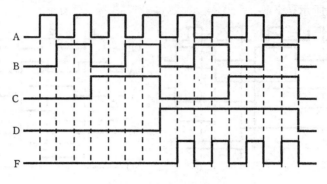

图 3.29 输出信号的波形

五、设计题

1. 图 3.24 所示逻辑电路的输出函数表达式为

$$F = \overline{\overline{A} \cdot \overline{B}} = \overline{\overline{A}} \cdot \overline{\overline{B}} = \overline{A+B}$$

由表达式可知,原电路实现或非门电路的功能。根据图 3.24 所示逻辑电路可画出对应的 CMOS 电路,如图 3.30 所示。

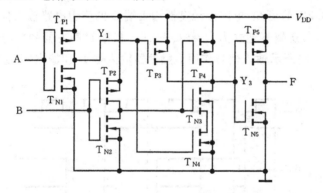

图 3.30 CMOS 电路

2. 根据问题要求,可设计出实现 2 位二进制信息双向传输的逻辑电路,如图 3.31 所示。

该电路共使用了 4 个三态门(使能端高电平有效)和一个非门,4 个三态门分别与两根总线相连接。其中,G_1 的输出端和 G_3 的输入端与其中的一根总线相连接,G_2 的输出端与 G_4 的输入端与另一根总线相连接。当控制信号 $C=1$ 时,G_1、G_2 工作,G_3、G_4 呈高阻状态,可同时把来自数据端 A_1、A_2 的两位二进制信息分别传送到两根总线上;当 $C=0$ 时,G_3、G_4 工作,G_1、G_2 为高阻态,可同时把来自两根总线上的数据分别传送到数据端 B_1、B_2,从而实现了两位二进制信息的双向传输。

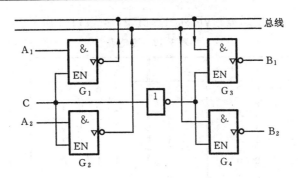

图 3.31 双向传输电路

3. 用 T 触发器和门电路构成时钟控制 R-S 触发器的关键是求出转换函数 T=f(R,S,Q)。假定采用激励表联立法,根据 T 触发器和时钟控制 R-S 触发器的激励表可列出表 3.10 所示的联立激励表,由联立激励表可以导出转换函数 T=f(R,S,Q) 的真值表如表 3.11 所示。

表 3.10 联立激励表

$Q \rightarrow Q^{n+1}$	T	R S
0　0	0	0 0
		1 0
0　1	1	0 1
1　0	1	1 0
1　1	0	0 0
		0 1

表 3.11 转换函数真值表

R	S	Q	T
0	0	0	0
0	0	1	0
0	1	0	1
0	1	1	0
1	0	0	0
1	0	1	1
1	1	0	d
1	1	1	d

由真值表可作出函数 T 的卡诺图如图 3.32 所示,利用无关条件进行化简后的表达式为 $T=S\bar{Q}+RQ$。根据转换函数即可画出用 T 触发器和门电路构成的时钟控制 R-S 触发器如图 3.33 所示。

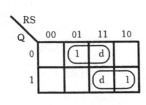

图 3.32 T 的卡诺图

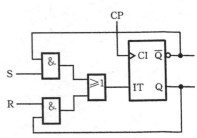

图 3.33 时钟控制 R-S 触发器

4. 根据图 3.25 所示波形,可列出真值表,如表 3.12 所示。

表 3.12 真值表

A	B	C	D	X	Y	A	B	C	D	X	Y
0	0	0	0	0	1	1	0	0	0	0	0
0	0	0	1	1	1	1	0	0	1	0	1
0	0	1	0	1	1	1	0	1	0	1	0
0	0	1	1	1	1	1	0	1	1	1	1
0	1	0	0	0	1	1	1	0	0	1	0
0	1	0	1	1	0	1	1	0	1	1	0
0	1	1	0	1	0	1	1	1	0	0	1
0	1	1	1	0	0	1	1	1	1	0	1

由真值表写出输出函数表达式,经化简后的最简表达式为

$$X = \overline{B}C + AB\overline{C} + \overline{A}CD + \overline{A}C\overline{D}$$

$$Y = \overline{B}D + ABC + \overline{A}\overline{B}C + \overline{A}C\overline{D}$$

可选用不同的门电路实现逻辑函数 X 和 Y 的功能(逻辑电路图略)。

第 4 章

组合逻辑电路

知识要点

- 组合逻辑电路的基本概念
- 组合逻辑电路的分析与设计方法
- 组合逻辑电路中的竞争与险象

4.1 重点与难点

4.1.1 基本概念

1. 定义

若一个逻辑电路在任何时刻产生的稳定输出信号仅仅取决于该时刻的输入信号,而与输入信号作用前的电路状态无关,则称该电路为**组合逻辑电路**。

2. 结构特点

组合逻辑电路具有两个特点:第一,电路由逻辑门构成,不含记忆元件;第二,输入信号是单向传输的,电路中不含反馈回路。

3. 电路类型

根据电路输出端是一个还是多个,通常将组合逻辑电路分为**单输出组合逻辑电路**和**多输出组合逻辑电路**两种类型。

4. 功能描述

任何一个组合逻辑电路,其功能均可用逻辑函数表达式、真值表以及时间图等进行描述。

4.1.2 组合逻辑电路的分析与设计方法

1. 分析

逻辑电路分析是指:按照某种方法去研究一个给定逻辑电路的工作性能,了解电路所实现的逻辑功能,并对设计方案作出评价。组合逻辑电路分析的一般过程如图4.1所示。

图 4.1 组合逻辑电路分析的一般过程

2. 设计

逻辑电路设计,是根据文字描述的设计要求和所选用的逻辑器件,构造出实现预定功能的、经济合理的逻辑电路。逻辑设计的关键是如何将文字描述的实际问题抽象为逻辑问题。逻辑设计的方法比较灵活,设计过程不拘泥于固定模式,通常取决于实际问题的难易程度及设计者的思维方法和经验。组合逻辑电路设计的一般过程如图4.2所示。

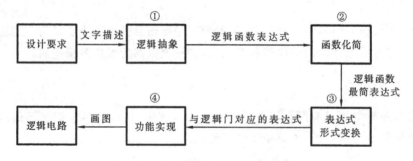

图 4.2 组合逻辑电路设计的一般过程

在图4.2所示步骤中,核心问题是把文字描述的设计要求抽象为逻辑函数表达式。完成这一步通常有两种方法:一是在对问题进行详细分析的基础上,先列出真值表,然后根据真值表写出逻辑函数的标准表达式;二是对问题详细分析后,根据设计者对问题因果关系的理解或者解决问题的方法直接写出逻辑表达式。求出逻辑函数的最简表达式之后,应根据所选择的逻辑器件,将逻辑函数表达式变换成适当的形式,然后再画出相应的逻辑电路图。

3. 设计中几个实际问题的处理

(1) 包含无关条件的设计问题

对于某些实际问题,常常由于输入变量之间存在某种相互制约或问题的某种特殊限制等,使得输入变量的某些取值组合不允许出现,或者虽然允许出现,但在这些变量取值下,对输出函数值为 0 还是 1 并不关心,即输出函数的值与某些变量取值无关。通常将这些变量取值组合对应的最小项称为无关最小项,其相应输出函数称为包含无关最小项的输出函数。对于这类包含无关条件的设计问题,若能恰当地利用无关最小项的随意性,往往有利于函数化简。因此,设计中不应忽略无关条件。

(2) 多输出组合电路设计问题

设计多输出组合电路时,应注意各函数之间的相互联系,而不应该孤立地处理问题。函数化简时要考虑各函数之间的共享,力求整体达到最简。

(3) 无反变量提供的设计问题

该问题目前尚无有效的解决方法。就与非门构成的电路而言,应尽可能将输出函数表达式中各单个的反变量变换成公共的与非因子。

4.1.3 组合逻辑电路中的竞争与险象

1. 竞争

信号在电路中传输存在时间延迟。在组合逻辑电路中,当输入信号经过不同路径汇合到某一个逻辑门的输入端时,由于各条路径上时间延迟不同,会使信号到达汇合点的时间有先有后,即产生一定时差,这种现象称为竞争。

2. 竞争类型

非临界竞争 若竞争的结果不会产生错误输出信号,则称为非临界竞争。
临界竞争 若竞争的结果产生错误输出信号,则称为临界竞争。

3. 险象

由竞争所产生的错误输出信号称为险象。组合电路中的险象是电路处在暂态过程中的一种瞬间错误输出信号(非稳定输出信号),其形式是一种宽度与时差相同的窄脉冲信号,通常称为毛刺。

4. 险象的判断

判断组合逻辑电路中是否可能产生险象有两种常用方法,即**代数法**和**卡诺图法**。若电路的输出函数表达式在一定条件下可简化为 $X+\overline{X}$ 或者 $X \cdot \overline{X}$ 的形式,则可能产生险象,该方法称为代数法;若作出电路输出函数的卡诺图,并画出与函数表达式中各与项对应的卡诺圈,发现卡诺圈之间存在**相切**(卡诺圈之间存在不被同一卡诺圈包围的相邻最小项)关系,则可能产生险象,该方法称为卡诺图法。

5. 消除险象的常用方法

滤波法 在电路输出端加低通滤波器,削掉尖脉冲信号。
选通法 在电路输出级加选通控制脉冲,避免尖脉冲输出。
增加冗余项 针对险象产生的条件,在逻辑表达式中增加冗余项,并对设计方案作相应修改,防止尖脉冲产生。

4.2 例题精选

例 4-1 分析图 4.3 所示电路,并回答如下问题:
(1) 在图(a)、(b)中,哪一个是组合逻辑电路?说明理由。
(2) 对组合逻辑电路进行分析,说明电路功能,并作出评价。

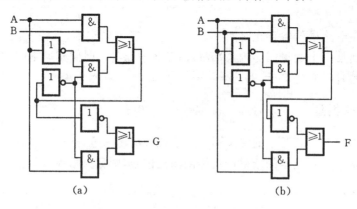

图 4.3 逻辑电路

解 (1) 在图 4.3 中,尽管图(a)和图(b)所示的两个电路都是由逻辑门构成的,但图(b)所示的是组合逻辑电路,而图(a)所示的不是。因为在图(b)所示电路中输入信号是单向传输的,不存在反馈回路,而在图(a)所示电路中存在反馈回路。

(2) 根据图 4.3(b)所示电路中各逻辑门的功能,从输入端往输出端逐级推导,可写出该电路的输出函数表达式为

$$F = \overline{AB + \overline{AB}} + A\overline{B}$$

用代数法对逻辑函数 F 化简如下:

$$\begin{aligned} F &= \overline{AB + \overline{AB}} + A\overline{B} \\ &= (A \oplus B) + A\overline{B} \\ &= \overline{A}B + A\overline{B} + A\overline{B} \\ &= \overline{A}B + A\overline{B} \\ &= A \oplus B \end{aligned}$$

由化简后的函数表达式可知,该电路完成异或运算功能。显然,该电路的设计是不经济的,因其功能仅用一个异或门即可实现。

例 4-2 分析图 4.4 所示组合逻辑电路,假定输入 ABCD 为一位十进制数的 8421 码,试说明该电路功能。

解 按照组合逻辑电路分析的一般步骤,分析过程如下。

① 写出输出函数表达式并化简。

$$F = \overline{\overline{A} \cdot \overline{BC} \cdot \overline{BD}} = A + BC + BD$$

该函数表达式已为最简表达式。

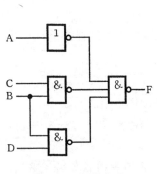

图 4.4 逻辑电路

表 4.1 真值表

A	B	C	D	F
0	0	0	0	0
0	0	0	1	0
0	0	1	0	0
0	0	1	1	0
0	1	0	0	0
0	1	0	1	1
0	1	1	0	1
0	1	1	1	1
1	0	0	0	1
1	0	0	1	1

② 列出真值表：

8421 码只有 0000～1001 十种取值，分别对应 0～9 十个字符。据此可列出真值表，如表 4.1 所示。

③ 功能评述：

由真值表可知，仅当 ABCD 表示的十进制数值大于或等于 5 时，输出 F 为 1，故该电路是 8421 码的"四舍五入"电路。

讨论　由于 8421 码有 1010～1111 六种取值组合不允许出现，所以该逻辑问题属于包含无关最小项的逻辑问题。该电路的设计者在设计中充分利用了无关最小项的随意性进行函数化简，使电路达到了最简。

例 4-3　分析图 4.5 所示组合逻辑电路，回答如下问题：

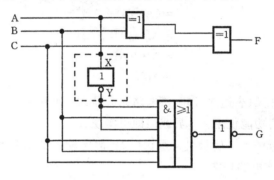

图 4.5　逻辑电路

(1) 假定电路输入变量 A、B、C 和输出函数 F、G 均代表一位二进制数，请问该电路实现何功能？

(2) 若将图中虚线框内的反相器去掉，即令 X 点和 Y 点直接相连，问电路实现何功能？

(3) 若将虚线框内的反相器改为异或门，异或门的另一个输入端与输入控制变量 M 相连，问电路实现何功能？

解　(1) 按照组合逻辑电路分析的一般步骤，分析过程如下。

① 写出输出函数表达式并化简：

$$F = A \oplus B \oplus C$$
$$G = \overline{\overline{\overline{AB} + \overline{AC} + BC}}$$
$$= \overline{AB} + \overline{AC} + BC$$

② 列出真值表：

根据输出函数 F 和 G 的逻辑表达式，列出真值表(1)，如表 4.2 所示。

③ 功能评述：

假定变量 A、B、C 和函数 F、G 均表示一位二进制数，由真值表可知，该电路实现了**全减器**的功能。其中,A 为被减数,B 为减数,C 为来自低位的借位,F 为本位差,G 为本位向高位的借位。

(2) 若将图 4.5 中虚线框内的反相器去掉,则电路的输出函数表达式如下:

$$F = A \oplus B \oplus C$$

$$G = \overline{\overline{AB} + \overline{AC} + \overline{BC}}$$

$$= AB + AC + BC$$

根据输出函数表达式可作出真值表(2),如表 4.3 所示。

表 4.2 真值表(1)

A	B	C	F	G
0	0	0	0	0
0	0	1	1	1
0	1	0	1	1
0	1	1	0	1
1	0	0	1	0
1	0	1	0	0
1	1	0	0	0
1	1	1	1	1

表 4.3 真值表(2)

A	B	C	F	G
0	0	0	0	0
0	0	1	1	0
0	1	0	1	0
0	1	1	0	1
1	0	0	1	0
1	0	1	0	1
1	1	0	0	1
1	1	1	1	1

由真值表可知,此时该电路实现**全加器**的功能,其中 A 为被加数,B 为加数,C 为来自低位的进位,F 为本位和,G 为本位向高位的进位。

(3) 将图 4.5 中虚线框内的反相器改为异或门,并引入控制变量 M 后,根据异或运算的特性可知,当 M=0 时有 $A \oplus 0 = A$,当 M=1 时有 $A \oplus 1 = \overline{A}$。又由上述解 1、解 2 的分析可知,当输出函数表达式 G 中的变量 A 为原变量时,电路实现全加器的功能。当输出函数表达式 G 中的变量 A 为反变量时,电路实现全减器的功能。所以,该电路实现**全加器/全减器**的功能,当 M=0 时为全加器,当 M=1 时为全减器。

例 4-4 图 4.6 所示组合逻辑电路中,A、B 为输入变量,S_3、S_2、S_1、S_0 为选择控制变量,F 为输出函数。试写出电路在选择控制变量控制下的输出函数表达式,并说明电路功能。

解 根据给定逻辑电路,可写出输出函数表达式为

$$F = \overline{S_3 AB + S_2 A \overline{B}} \oplus \overline{S_1 \overline{B} + S_0 B + A}$$

由题意可知,式中 S_3、S_2、S_1、S_0 为选择控制变量。依次将 4 个选择控制变量的 16 种取

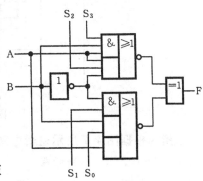

图 4.6 逻辑电路

值组合代入表达式中,可得到电路的 16 种输出函数,如表 4.4 所示。

表 4.4 输出函数表达式

S_3	S_2	S_1	S_0	F	S_3	S_2	S_1	S_0	F
0	0	0	0	A	1	0	0	0	$A\overline{B}$
0	0	0	1	A+B	1	0	0	1	$A\oplus B$
0	0	1	0	$A+\overline{B}$	1	0	1	0	$\overline{B}$
0	0	1	1	1	1	0	1	1	$\overline{AB}$
0	1	0	0	A·B	1	1	0	0	0
0	1	0	1	B	1	1	0	1	$\overline{AB}$
0	1	1	0	A⊙B	1	1	1	0	$\overline{A+B}$
0	1	1	1	$\overline{A}+B$	1	1	1	1	$\overline{A}$

由表 4.4 可知,电路在选择控制变量的作用下,产生了 A、B 两个变量组成的 16 种函数,因此,该电路是一个多功能函数发生器。

分析本例的关键在于:正确理解题意,区分电路中的选择控制变量和输入变量。选择控制变量是选通信号,而输入变量是在选择控制变量控制下与输出发生关系的输入信号。如果将两者混为一体,把输出当作 6 变量函数处理,则不能准确表达电路的逻辑功能。

例 4-5 分析图 4.7 所示组合逻辑电路。假定图中 M 为控制变量,输入变量 A、B、C、D 和输出函数 W、X、Y、Z 均表示一位二进制数,试说明在 M=0 和 M=1 时,电路分别实现何功能。

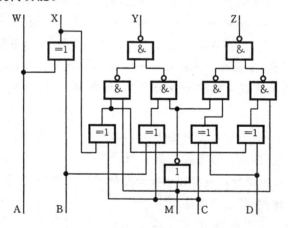

图 4.7 逻辑电路

解 根据图 4.7 所示逻辑电路,可写出电路的输出函数表达式如下:

$$W = A$$

$$X = A \oplus B$$

$$Y = \overline{\overline{M(X \oplus C)} \cdot \overline{M(B \oplus C)}}$$
$$= M(X \oplus C) + \overline{M}(B \oplus C)$$
$$= M(A \oplus B \oplus C) + \overline{M}(B \oplus C)$$

$$Z = \overline{\overline{M(X \oplus C \oplus D)} \cdot \overline{M(C \oplus D)}}$$
$$= M(X \oplus C \oplus D) + \overline{M}(C \oplus D)$$
$$= M(A \oplus B \oplus C \oplus D) + \overline{M}(C \oplus D)$$

由上述表达式可知,当 M=0 时,输出函数表达式为

  W=A   X=A⊕B

  Y=B⊕C   Z=C⊕D

当 M=1 时,输出函数表达式为

  W=A   X=A⊕B

  Y=A⊕B⊕C   Z=A⊕B⊕C⊕D

据此,可列出真值表,如表 4.5 所示。从真值表可以看出,该电路的逻辑功能是完成 4 位二进制数与 Gray 码之间的转换。当 M=0 时,将 4 位二进制数转换成相应的 Gray 码;当 M=1 时,将 4 位 Gray 码转换成相应的二进制数。

表 4.5 真值表

M=0								M=1							
A	B	C	D	W	X	Y	Z	A	B	C	D	W	X	Y	Z
0	0	0	0	0	0	0	0	0	0	0	0	0	0	0	0
0	0	0	1	0	0	0	1	0	0	0	1	0	0	0	1
0	0	1	0	0	0	1	1	0	0	1	0	0	0	1	1
0	0	1	1	0	0	1	0	0	0	1	1	0	0	1	0
0	1	0	0	0	1	1	0	0	1	0	0	0	1	1	1
0	1	0	1	0	1	1	1	0	1	0	1	0	1	1	0
0	1	1	0	0	1	0	1	0	1	1	0	0	1	0	0
0	1	1	1	0	1	0	0	0	1	1	1	0	1	0	1
1	0	0	0	1	1	0	0	1	0	0	0	1	1	1	1
1	0	0	1	1	1	0	1	1	0	0	1	1	1	1	0
1	0	1	0	1	1	1	1	1	0	1	0	1	1	0	0
1	0	1	1	1	1	1	0	1	0	1	1	1	1	0	1
1	1	0	0	1	0	1	0	1	1	0	0	1	0	0	0
1	1	0	1	1	0	1	1	1	1	0	1	1	0	0	1
1	1	1	0	1	0	0	1	1	1	1	0	1	0	1	1
1	1	1	1	1	0	0	0	1	1	1	1	1	0	1	0

例 4-6 设计一个组合逻辑电路,该电路输入端接收两个两位无符号二进制数 $A(A=A_1A_0)$ 和 $B(B=B_1B_0)$,当 A=B 时,输出 F 为 1,否则 F 为 0。试用合适的逻辑门构造出最简电路。

解 本例设计要求明确,逻辑器件可由设计者选择。根据题意和组合逻辑电路设计的一般步骤,可用如下两种不同方法完成该电路的设计。

解法 I 先用真值表描述电路输出与输入之间的逻辑关系,然后写出输出函数表达式,经化简后选择合适的逻辑门并画出逻辑电路图。具体如下。

① 列出真值表并写出输出函数表达式。

根据题意,可列出真值表如表 4.6 所示。

表 4.6 真值表

A_1	A_0	B_1	B_0	F	A_1	A_0	B_1	B_0	F
0	0	0	0	1	1	0	0	0	0
0	0	0	1	0	1	0	0	1	0
0	0	1	0	0	1	0	1	0	1
0	0	1	1	0	1	0	1	1	0
0	1	0	0	0	1	1	0	0	0
0	1	0	1	1	1	1	0	1	0
0	1	1	0	0	1	1	1	0	0
0	1	1	1	0	1	1	1	1	1

由真值表可写出输出函数的标准与或表达式为

$$F(A_1, A_0, B_1, B_0) = \sum m(0,5,10,15)$$

② 化简。

作出函数 F 的卡诺图,如图 4.8 所示。由于卡诺图上的 1 方格不能合并,所以,函数的最简与或式即标准与或式,若采用与非门实现给定功能,共需 5 个 4 输入端的与非门;而采用**两次取反法**,对卡诺图上的 0 方格进行合并,可得到函数的最简或与式

$$F = (\overline{A_1} + B_1)(A_1 + \overline{B_1})(\overline{A_0} + B_0)(A_0 + \overline{B_0})$$

若采用或非门实现给定功能,可将上述表达式变换成如下或非表达式:

$$F = \overline{\overline{\overline{A_1} + B_1} + \overline{A_1 + \overline{B_1}} + \overline{\overline{A_0} + B_0} + \overline{A_0 + \overline{B_0}}}$$

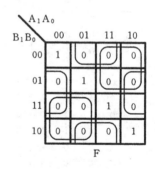

图 4.8 卡诺图

由或非表达式可知,共需 4 个 2 输入端的或非门和一个 4 输入端的或非门。相比之下,用或非门比用与非门合适。

③ 画逻辑电路图。

根据所得到的最简或非表达式,可画出用或非门实现给定功能的逻辑电路,如图 4.9(a)所示。

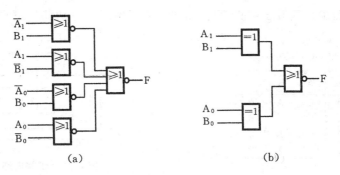

图 4.9 逻辑电路

解法 Ⅱ 根据设计要求,从两数相等的概念入手直接抽象出逻辑函数表达式。

因为两数相等是指两数各对应位的取值均相同,所以问题要求 A=B 时 F 为 1 是指 A_1 和 B_1 取值相同且 A_0 和 B_0 取值相同时 F 为 1。由于二进制数每位只有 0 或 1 两种取值,即 A_1 和 B_1 取值相同只可能 A_1、B_1 同时为 0 或者 A_1、B_1 同时为 1,同样 A_0 和 B_0 取值相同也只可能 A_0、B_0 同时为 0 或者 A_0、B_0 同时为 1。因此,可写出描述该问题的逻辑关系表达式如下:

$$F = (\overline{A_1}\,\overline{B_1} + A_1 B_1)(\overline{A_0}\,\overline{B_0} + A_0 B_0)$$
$$= (A_1 \odot B_1)(A_0 \odot B_0)$$
$$= \overline{A_1 \oplus B_1}\ \ \overline{A_0 \oplus B_0}$$
$$= \overline{\overline{A_1 \oplus B_1} + \overline{A_0 \oplus B_0}}$$

据此,可画出用异或门和或非门实现给定功能的逻辑电路图如图 4.9(b)所示。显然,用解法 Ⅱ 得到的电路比用解法 Ⅰ 得到的电路更简单。

例 4-7 假定 AB 表示一个两位二进制数,试设计一个两位二进制数平方器。

解 由题意可知,电路输入、输出均为二进制数,输出二进制数的值是输入二进制数 AB 的平方。由于两位二进制数能表示的最大十进制数为 3,3 的平方等于 9,表示十进制数 9 需要 4 位二进制数,所以该电路应有 4 个输出。假定用 WXYZ 表示输出的 4 位二进制数,可用如下两种方法求出电路的输出函数表达式。

解法 Ⅰ 根据电路输入、输出取值关系,列出真值表如表 4.7 所示。

由真值表可写出电路的输出函数表达式为

$$W = AB$$
$$X = A\overline{B}$$
$$Y = 0$$
$$Z = \overline{A}B + AB = B$$

根据所得输出函数表达式,可画出用与非门实现给定功能的逻辑电路,如图 4.10 所示。

表 4.7 真值表

A	B	W	X	Y	Z
0	0	0	0	0	0
0	1	0	0	0	1
1	0	0	1	0	0
1	1	1	0	0	1

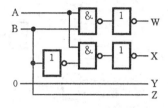

图 4.10 逻辑电路

解法 Ⅱ 因为 $(AB)^2 = AB \times AB$,所以可按照两位二进制数相乘的运算方法求出电路输出与输入的逻辑关系。$AB \times AB$ 的运算式为

```
           A       B
    ×      A       B
    ─────────────────
           C    A×B   B×B
    +   A×A    A×B          ……部分积相加
    ─────────────────
       W    X     Y     Z    ……乘积
```

式中,Z 等于 B×B;Y 等于 A×B 加 A×B;X 等于 A×B 加 A×B 产生的进位 C 和 A×A 相加;W 等于 A×A 和进位 C 相加产生的进位。由于两个一位二进制数 m 和 n 相乘的积可由与运算产生,即 m 乘 n 的积为 m·n;m 和 n 相加的和可由**异或**运算产生,即 m 加 n 的和为 m⊕n;m 加 n 产生的"进位"也为 m·n。所以,可得到运算式中乘积各位的逻辑表达式如下:

$$Z = B \cdot B = B$$
$$Y = A \cdot B \oplus A \cdot B = 0$$
$$X = A \cdot A \oplus C = A \oplus A \cdot B = A\overline{B}$$
$$W = A \cdot C = A \cdot A \cdot B = AB$$

可见解法 Ⅱ 和解法 Ⅰ 得到的输出函数表达式完全相同。

例 4-8 设计一个代码转换电路,将一位十进制数的 8421 码转换成余 3 码。

解 由于 8421 码和余 3 码都是用 4 位二进制码表示一位十进制数的代码,所以该电路有 4 个输入和 4 个输出。此外,因为 8421 码有 1010~1111 六种组合不允许出现,故该电路设计属于包含无关最小项的多输出组合电路设计。假定 ABCD 表示 8421 码,WXYZ 表示余 3 码,可用两种不同方法抽象出电路的输出函数表达式,并选用合适的逻辑门构造相应电路。

解法 Ⅰ 根据两种代码与十进制数的对应关系,列出描述该电路逻辑功能的真值表,如表 4.8 所示。

表 4.8 真值表

A	B	C	D	W	X	Y	Z	A	B	C	D	W	X	Y	Z
0	0	0	0	0	0	1	1	1	0	0	0	1	0	1	1
0	0	0	1	0	1	0	0	1	0	0	1	1	1	0	0
0	0	1	0	0	1	0	1	1	0	1	0	d	d	d	d
0	0	1	1	0	1	1	0	1	0	1	1	d	d	d	d
0	1	0	0	0	1	1	1	1	1	0	0	d	d	d	d
0	1	0	1	1	0	0	0	1	1	0	1	d	d	d	d
0	1	1	0	1	0	0	1	1	1	1	0	d	d	d	d
0	1	1	1	1	0	1	0	1	1	1	1	d	d	d	d

由真值表可写出函数的标准与或式如下：

$$W(A,B,C,D) = \sum m(5,6,7,8,9) + \sum d(10,11,12,13,14,15)$$

$$X(A,B,C,D) = \sum m(1,2,3,4,9) + \sum d(10,11,12,13,14,15)$$

$$Y(A,B,C,D) = \sum m(0,3,4,7,8) + \sum d(10,11,12,13,14,15)$$

$$Z(A,B,C,D) = \sum m(0,2,4,6,8) + \sum d(10,11,12,13,14,15)$$

作出各函数的卡诺图，如图 4.11 所示，逐个化简后，得到各函数的最简与或表达式为

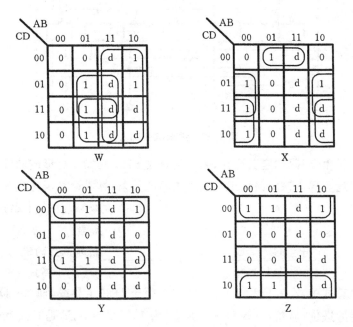

图 4.11 卡诺图

$$W(A,B,C,D)=A+BC+BD$$
$$X(A,B,C,D)=\overline{B}C+\overline{B}D+B\overline{C}\,\overline{D}$$
$$Y(A,B,C,D)=CD+\overline{C}\,\overline{D}$$
$$Z(A,B,C,D)=\overline{D}$$

由于该电路属于多输出组合逻辑电路,所以函数化简时应尽可能提取函数之间的公共项"共享",力求使整体达到最简。但对图 4.11 所示卡诺图进行观察、比较后可知,该电路单个函数达到最简后已使整体达到最简。

如果采用与非门实现给定功能,则需将所得函数的最简表达式变换成与非表达式:

$$W(A,B,C,D)=\overline{\overline{A+BC+BD}}=\overline{\overline{A}\ \overline{BC}\ \overline{BD}}$$
$$X(A,B,C,D)=\overline{\overline{\overline{B}C+\overline{B}D+B\overline{C}\,\overline{D}}}=\overline{\overline{\overline{B}C}\ \overline{\overline{B}D}\ \overline{B\overline{C}\,\overline{D}}}$$
$$Y(A,B,C,D)=\overline{\overline{CD+\overline{C}\,\overline{D}}}=\overline{\overline{CD}\ \overline{\overline{C}\,\overline{D}}}$$
$$Z(A,B,C,D)=\overline{D}$$

根据变换后的函数表达式可画出图 4.12 所示逻辑电路(Ⅰ)。

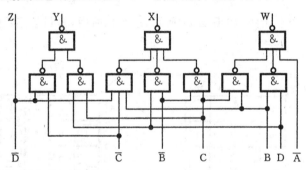

图 4.12 逻辑电路(Ⅰ)

解法Ⅱ 由余3码的定义可知,余3码是由 8421 码加 3 后形成的代码。据此,可通过算术运算建立该电路输出与输入之间的关系,算术运算表达式为

```
       A    B    C    D    ……被加数(8421 码)
       0    0    1    1    ……加数
  +    C₃   C₂   C₁            ……相加产生的进位
  ─────────────────────
       W    X    Y    Z    ……和(余 3 码)
```

上述运算式中,Z 是 D 和 1 相加的"和",等于 D 和 1 异或,即 $Z=D\oplus 1$;C_1 是 D 加 1 产生的进位,显然,只要 D 为 1 则 C_1 为 1,即 $C_1=D$;Y 是 C、1 和 C_1 相加的"和",等于 C、1 和 C_1 异或,即 $Y=C\oplus C_1\oplus 1$;C_2 是 C、1 和 C_1 相加产生的进位,显然,只要 C 或者 C_1 为 1,则 C_2 为 1,即 $C_2=C+C_1$;X 是 B 和 C_2 相加产生的"和",

等于 B 和 C_2 异或,即 $X=B \oplus C_2$;C_3 是 B 和 C_2 相加产生的进位,显然,仅当 B 和 C_2 同时为 1 时 C_3 为 1,即 $C_3=B \cdot C_2$;W 是 A 和 C_3 相加产生的"和",等于 A 和 C_3 异或,即 $W=A \oplus C_3$。

综合上述分析,可得到该电路的输出函数表达式如下:

$$Z=D \oplus 1=\overline{D}$$
$$Y=C \oplus C_1 \oplus 1=C \oplus D \oplus 1=\overline{C \oplus D}=C \odot D$$
$$X=B \oplus C_2=B \oplus (C+C_1)=B \oplus (C+D)$$
$$W=A \oplus C_3=A \oplus (B \cdot C_2)=A \oplus (B(C+D))$$

根据上述表达式,可画出实现给定功能的逻辑电路(Ⅱ),如图 4.13 所示。

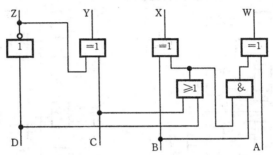

图 4.13 逻辑电路(Ⅱ)

通过以上两种不同的设计方法,得到了两个结构不同的逻辑电路图,它们都能正确实现给定的逻辑功能。读者可通过对电路的分析得到验证。

例 4-9 已知某系统中的 ASCII 码是采用奇检验的奇偶检验码,试用异或门为该系统设计一个 ASCII 码的奇偶检测器。

解 ASCII 码的奇偶检验码,由 7 位字符代码加 1 位检验位共 8 位代码组成。由于采用奇检验,所以 8 位代码中含 1 的个数为奇数。奇偶检测器的作用是检查接收的 8 位代码是否有误,若其中含 1 的个数为奇数,则表明代码正确,否则为错误代码。由此可见,该电路有 8 个输入,1 个输出。

设电路接收的 8 位输入代码用 $S_7 S_6 S_5 S_4 S_3 S_2 S_1 S_0$ 表示,检测结果用输出函数 F 表示,当输入代码正确(含奇数个 1)时 F 为 1,否则 F 为 0。若用真值表描述函数 F 和变量 $S_7 \sim S_0$ 之间的逻辑关系,则需要列出一个 512 行的真值表,显然,列真值表和根据真值表提取函数表达式都十分麻烦。考虑到问题中指定用异或门实现给定功能,而异或运算的一个重要特征是:当 n 个变量进行异或运算时,若 n 个变量中含 1 的个数为奇数,则运算结果为 1,否则运算结果为 0。据此,可直接写出函数 F 的逻辑表达式为

$$F=S_7 \oplus S_6 \oplus S_5 \oplus S_4 \oplus S_3 \oplus S_2 \oplus S_1 \oplus S_0$$

由于每个异或门只有两个输入端,所以用异或门实现该逻辑表达式时应依次两两异或,或者将两两异或的结果再异或,其逻辑表达式可分别表示为

$$F=((((((S_7 \oplus S_6) \oplus S_5) \oplus S_4) \oplus S_3) \oplus S_2) \oplus S_1) \oplus S_0$$

或者

$$F=((S_7 \oplus S_6) \oplus (S_5 \oplus S_4)) \oplus ((S_3 \oplus S_2) \oplus (S_1 \oplus S_0))$$

根据上述表达式,可画出实现给定功能的逻辑电路,如图 4.14(a)、(b)所示。通常将图(a)所示电路称为串联型,图(b)所示电路称为树型。尽管两个逻辑电路中的异或门数量相同,但两个逻辑电路的执行速度不同,用串联型要经过 7 级门的延迟时间才能产生检测结果,而用树型则只需经过 3 级门的延迟时间便能产生检测结果,所以,采用树型比采用串联型更好。

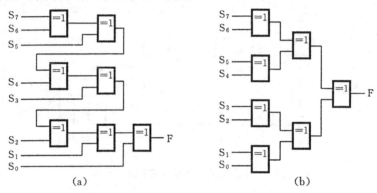

图 4.14 逻辑电路

例 4-10 用一个全加器和适当的逻辑门设计一个 5 人表决电路,同意者过半表决通过(假定无人弃权)。全加器的逻辑符号及输出函数表达式如图 4.15 所示。

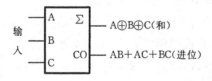

图 4.15 全加器的逻辑符号及输出函数表达式

解 设参加表决的 5 个人分别用变量 A、B、C、D、E 表示,同意为 1,反对为 0;表决结果用 F 表示,通过为 1,否决为 0。由题意可知,当 5 个输入变量中有 3 个或 3 个以上为 1 时输出 F 为 1,否则 F 为 0。

因为全加器是一个 3 输入 2 输出逻辑器件,所以对输入变量取值进行判别时,可将 5 个变量分成 ABC 和 DE 两组进行,具体分析如下:

若 A、B、C 的取值均为 1,则不管 D、E 取何值,函数 F 都为 1;

若 A、B、C 中有两个取值为 1,则只要 D、E 的取值不同时为 0,即 D 和 E 至少有一个为 1,便有函数 F 为 1;

若 A、B、C 中有 1 个取值为 1,则仅当 D 和 E 同时为 1 时,有函数 F 为 1;
若 A、B、C 的取值均为 0,则不管 D 和 E 取何值,函数 F 都应为 0。
根据以上分析,可列出使函数 F 为 1 的简化真值表如表 4.9 所示。

表 4.9 简化真值表

输入变量					输出函数
A	B	C	D	E	F
1	1	1	d	d	1
1	1	0	有一个为 1 或两个均为 1		1
1	0	1			
0	1	1			
1	0	0	两个均为 1		1
0	1	0			
0	0	1			

由表 4.9,可写出输出函数 F 的表达式为

$F = ABC + (AB\bar{C} + A\bar{B}C + \bar{A}BC)(D+E) + (A\bar{B}\bar{C} + \bar{A}B\bar{C} + \bar{A}\bar{B}C)DE$

为了与全加器的功能对应,可对 F 的逻辑表达式作如下变换,即

$F = ABC + (AB\bar{C} + A\bar{B}C + \bar{A}BC)(D+E) + (A\bar{B}\bar{C} + \bar{A}B\bar{C} + \bar{A}\bar{B}C)DE$

$= ABC + ABC(D+E) + ABC \cdot DE + (AB\bar{C} + A\bar{B}C + \bar{A}BC)(D+E)$
$\quad + (A\bar{B}\bar{C} + \bar{A}B\bar{C} + \bar{A}\bar{B}C)DE$

$= ABC + (AB\bar{C} + A\bar{B}C + \bar{A}BC + ABC)(D+E) + (A\bar{B}\bar{C} + \bar{A}B\bar{C} + \bar{A}\bar{B}C$
$\quad + ABC)DE$

$= ABC + (AB+AC+BC)(D+E) + (A \oplus B \oplus C) \cdot DE$

根据上述逻辑表达式,可用 1 个全加器、3 个与门和 2 个或门构造出实现给定功能的逻辑电路,如图 4.16 所示。

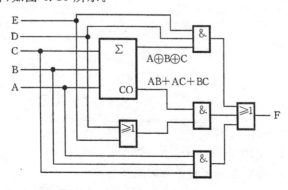

图 4.16 逻辑电路

例 4-11 在输入不提供反变量的情况下,用与非门实现逻辑函数
$$F = A\overline{B} + \overline{A}C + B\overline{C}$$

解 在输入不提供反变量的情况下,要想用最少的与非门实现逻辑函数功能,必须尽可能将表达式中单个的反变量变换成公共的与非因子。为此,可对给定逻辑函数作如下变换:

$$\begin{aligned}
F &= A\overline{B} + \overline{A}C + B\overline{C} \\
&= A\overline{B} + \overline{A}C + B\overline{C} + BC + A\overline{C} + \overline{A}B \\
&= A(\overline{B}+\overline{C}) + (\overline{A}+\overline{B})C + (\overline{A}+\overline{C})B \\
&= A\,\overline{BC} + \overline{AB}C + \overline{AC}B \\
&= A\,\overline{ABC} + C\,\overline{ABC} + B\,\overline{ABC} \\
&= \overline{\overline{ABC}\cdot A \;\cdot\; \overline{ABC}\cdot B \;\cdot\; \overline{ABC}\cdot C}
\end{aligned}$$

以上用代数变换法求出了给定函数的最简与非表达式,根据该表达式可画出用与非门实现函数功能的逻辑电路,如图 4.17(a)所示。

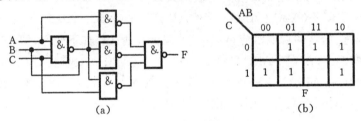

图 4.17 逻辑电路和卡诺图

求解该问题的另一方法是,作函数 F 的卡诺图,如图 4.17(b)所示。由卡诺图写出函数表达式

$$F = \overline{A}\,\overline{B}\,\overline{C} + ABC$$

再将上述表达式变换成与非表达式

$$\begin{aligned}
F &= \overline{A}\,\overline{B}\,\overline{C} + ABC \\
&= \overline{\overline{A}\,\overline{B}\,\overline{C}} \cdot \overline{ABC} \\
&= (A+B+C)\overline{ABC} \\
&= A \cdot \overline{ABC} + B \cdot \overline{ABC} + C \cdot \overline{ABC} \\
&= \overline{\overline{A\cdot \overline{ABC}} \cdot \overline{B\cdot \overline{ABC}} \cdot \overline{C\cdot \overline{ABC}}}
\end{aligned}$$

显然,两种方法所得到的结果完全相同。

例 4-12 某与非电路的逻辑函数表达式为
$$F(A,B,C,D) = \overline{\overline{AB\overline{C}} \cdot \overline{\overline{A}CD} \cdot \overline{ABC} \cdot \overline{\overline{A}\,\overline{C}D}}$$

请判断该电路是否可能由于竞争而产生险象?若可能产生,试用增加冗余项的方

法予以消除。

解 将逻辑函数表达式变换成与或表达式

$$F(A,B,C,D)=AB\overline{C}+ACD+\overline{A}BC+\overline{A}\,\overline{C}D$$

根据该表达式可作出图 4.18(a)所示卡诺图。由于图中各与项对应的卡诺圈相切,所以该电路可能由于竞争而产生险象。

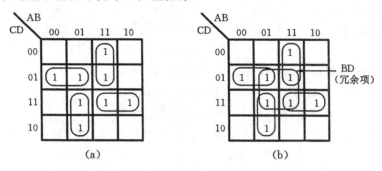

图 4.18 卡诺图

在逻辑函数表达式中增加冗余项 BD,即令

$$F(A,B,C,D)=AB\overline{C}+ACD+\overline{A}BC+\overline{A}\,\overline{C}D+BD$$

可以消除险象。其相应卡诺图如图 4.18(b)所示,显然,各与项对应的卡诺圈不再相切。

增加冗余项后,相应逻辑电路中应增加一个与非门,其与非表达式为

$$F(A,B,C,D)=\overline{\overline{AB\overline{C}}\cdot\overline{ACD}\cdot\overline{\overline{A}BC}\cdot\overline{\overline{A}\,\overline{C}D}\cdot\overline{BD}}$$

4.3 学习自评

4.3.1 自测练习

一、填空题

1. 组合逻辑电路在任意时刻的稳定输出信号取决于_____。
2. 根据电路输出端是一个还是多个,通常将组合逻辑电路分为_____和_____两类。
3. 设计多输出组合逻辑电路时,只有充分考虑_____,才能使电路达到最简。
4. 全加器是一种实现_____功能的逻辑电路。
5. 消除组合逻辑电路中险象的常用方法有_____、_____和_____ 3 种。

二、选择题

从下列各题的 4 个备选答案中选出 1 个或多个正确答案,并将其代号写在题中的括号内。

1. 组合逻辑电路输出与输入的关系可用( )描述。
   A. 真值表　　B. 状态表　　C. 状态图　　D. 逻辑表达式

2. 实现两个 4 位二进制数相乘的组合电路,应有( )个输出函数。
   A. 4　　B. 8　　C. 10　　D. 12

3. 组合逻辑电路中的险象是由( )引起的。
   A. 电路未达到最简　　B. 电路有多个输出
   C. 电路中的时延　　D. 逻辑门类型不同

4. 设计一个 5 位二进制码的奇偶位发生器(偶检验码),需要( )个异或门。
   A. 2　　B. 3　　C. 4　　D. 5

5. 设计一个 2421 码的"四舍五入"电路,最少需要( )个逻辑门。
   A. 0　　B. 2　　C. 3　　D. 5

三、判断改错题

判断各题正误,正确的在括号内记"√";错误的在括号内记"×"并改正。

1. 由逻辑门构成的电路是组合逻辑电路。

2. 设计包含无关条件的组合逻辑电路时,利用无关最小项的随意性有利于输出函数化简。

3. 对于多输出组合逻辑电路,仅将各单个输出函数化为最简表达式,不一定能使整体达到最简。

4. 组合逻辑电路中的竞争是由逻辑设计错误引起的。

5. 在组合逻辑电路中,由竞争产生的险象是一种瞬间的错误现象。

四、判断说明题

1. 判断图 4.19(a)、(b)所示的两个逻辑电路,要求:

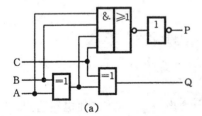
(a)

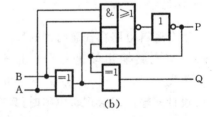
(b)

图 4.19　逻辑电路

(1)指出哪个是组合逻辑电路,哪个不是组合逻辑电路,并说明理由。

(2)写出组合逻辑电路的输出函数表达式,并说明该电路的逻辑功能。

2. 图 4.20 所示电路是一个奇偶检测器,若输出 F 为 0 表示接收的代码正确,输出 F 为 1 表示接收的代码有误,试判断输入的奇偶检验码采用的是奇检验编码还是偶检验编码?说明理由。

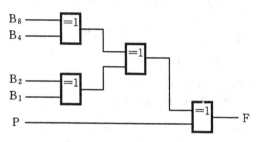

图 4.20 逻辑电路

3. 某组合逻辑电路的输出函数表达式为

$$F = AB + \overline{A}CD$$

试判断该电路是否可能由于竞争产生险象?为什么?若可能产生,则用增加冗余项的方法消除险象。

五、分析题

1. 分析图 4.21 所示(a)、(b)、(c)3 个电路,指出当输入变量取何值时 3 个电路等效?

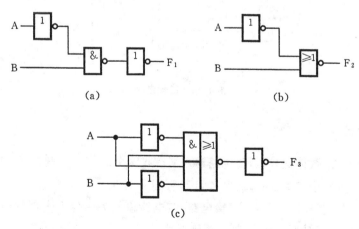

图 4.21 逻辑电路

2. 分析图 4.22 所示组合逻辑电路,说明电路功能,并画出简化逻辑电路图。

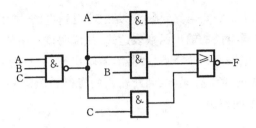

图 4.22 逻辑电路

3. 分析图 4.23 所示逻辑电路，要求：
(1) 指出在哪些输入取值下，输出 F 的值为 1；
(2) 改用异或门实现该电路的逻辑功能。

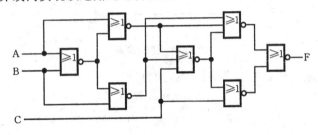

图 4.23 逻辑电路

4. 分析图 4.24 所示组合逻辑电路，设输入 ABCD 为 8421 码，试列出真值表，说明该电路的逻辑功能。

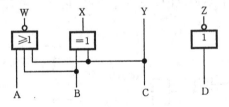

图 4.24 逻辑电路

六、设计题

1. 设计一个数值比较器，该电路输入端接收两个二位二进制数 $A(A=A_2A_1)$ 和 $B(B=B_2B_1)$，当 $A>B$ 时，输出 Z 为 1，否则 Z 为 0。

2. 用与非门设计一个组合逻辑电路，该电路输入为一位十进制数的 2421 码，当输入的数为素数时，输出 F 为 1，否则 F 为 0。

3. 设计一个代码转换电路，将一位十进制数的余 3 码转换成 2421 码。

4. 设计一个奇偶检测器，当输入的 4 位代码中 1 的个数为偶数时，输出为 1，否则输出为 0。

5. 在输入不提供反变量的情况下,用最少的与非门实现逻辑函数
$$F=A\overline{B}\overline{C}+BCD+A\overline{C}\overline{D}+\overline{B}CD$$
的功能。

4.3.2 自测练习解答

一、填空题

1. 组合逻辑电路在任意时刻的稳定输出信号取决于<u>该时刻的输入信号</u>。

2. 根据电路输出端是一个还是多个,通常将组合逻辑电路分为<u>单输出组合逻辑电路</u>和<u>多输出组合逻辑电路</u>两类。

3. 设计多输出组合逻辑电路时,只有充分考虑<u>各函数的共享</u>,才能使电路达到最简。

4. 全加器是一种实现<u>两个一位二进制数以及来自低位的进位相加</u>,产生<u>本位"和"及向高位进位</u>功能的逻辑电路。

5. 消除组合逻辑电路中险象的常用方法有<u>增加冗余项</u>、<u>增加惯性延时环节</u>和<u>选通法</u> 3 种。

二、选择题

1. A,D   2. B   3. C   4. C   5. A

三、判断改错题

1. ×   当由逻辑门构成的电路不含反馈回路时是组合逻辑电路。

2. √

3. √

4. ×   组合逻辑电路中的竞争是由电路中存在时间延迟引起的。

5. √

四、判断说明题

1. (1) 图 4.19 所示电路中的(a)是组合逻辑电路,(b)不是。因为图(b)所示电路虽然是由逻辑门构成的,但带有反馈回路,而图(a)所示电路既不含存储元件,又不含反馈回路。

(2) 根据图(a),可写出输出函数表达式

$$P = AB + (A \oplus B)C$$
$$Q = A \oplus B \oplus C$$

由输出函数表达式可知,该电路是一个全加器,其中 Q 为相加产生的"和",P 为进位。

2. 根据图 4.20,可写出输出函数 F 的逻辑表达式为
$$F = B_8 \oplus B_4 \oplus B_2 \oplus B_1 \oplus P$$

因为根据异或运算的特性,当 $B_8 B_4 B_2 B_1 P$ 中含有奇数个 1 时,函数 F 一定为 1,而问题中规定 F 为 1 表示错误,据此可知,输入代码是采用偶检验编码的奇偶检验码。

3. 可能由于竞争产生险象。因为当 B、C、D 取值为 1 时,函数 $F = A + \overline{A}$,所以当 A 发生变化时电路中可能发生险象。在函数表达式中增加冗余项 BCD,可消除险象。增加冗余项后,函数表达式为
$$F = AB + \overline{A}CD + BCD$$

五、分析题

1. 根据图 4.21,可写出 3 个电路的输出函数表达式分别为
$$F_1 = \overline{A}B$$
$$F_2 = A\overline{B}$$
$$F_3 = \overline{A}B + A\overline{B}$$

由此可见,仅当 A 和 B 取值相同时,3 个电路等效。

2. 该电路为"一致性"电路,当 3 个输入变量取值相同时,输出 F 为 1,否则为 0。写出输出函数表达式并化简后,可作出该电路的简化电路,如图 4.25 所示。

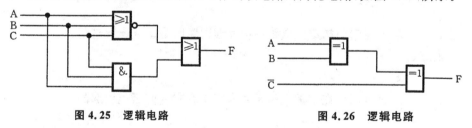

图 4.25 逻辑电路   图 4.26 逻辑电路

3. 分析图 4.23,可得 $F = A \oplus B \oplus \overline{C}$。

(1) 当 ABC 取值 000、011、101、110 时,输出 F 的值为 1。

(2) 用异或门实现该电路功能的逻辑电路,如图 4.26 所示。

4. 根据图 4.24,可写出输出函数表达式 $W = \overline{A + B + C}$,$X = B \oplus C$,$Y = C$,$Z = \overline{D}$。据此,可列出与输入 8421 码对应的输出函数值,如表 4.10 所示。

表 4.10 真值表

A	B	C	D	W	X	Y	Z	A	B	C	D	W	X	Y	Z
0	0	0	0	1	0	0	1	0	1	0	1	0	1	0	0
0	0	0	1	1	0	0	0	0	1	1	0	0	0	1	1
0	0	1	0	0	1	1	1	0	1	1	1	0	0	1	0
0	0	1	1	0	1	1	0	1	0	0	0	0	0	0	1
0	1	0	0	0	1	0	1	1	0	0	1	0	0	0	0

由真值表可知,该电路输出为输入对 9 的补数,所以,该电路是一个 8421 码的"对 9 变补器"。

六、设计题

1. 因为比较两数大小总是以高位开始进行的,仅当高位相同时才比较低位,而且二进制数每位只有 1 或 0 两种可能的取值,可分别用原变量和反变量表示,所以,可直接写出该逻辑电路的输出函数表达式为

$$Z = A_2\overline{B_2} + (A_2 \odot B_2)A_1\overline{B_1}$$

经化简后得到

$$Z = A_2\overline{B_2} + A_1\overline{B_2}\overline{B_1} + A_2A_1\overline{B_1}$$

(逻辑电路图略)

2. 设一位十进制数的 2421 码用 ABCD 表示,由题意可知,当 ABCD 表示的十进制数字为 2、3、5、7 时,输出 F 为 1,否则为 0。据此,可写出输出函数表达式为

$$F(A,B,C,D) = \sum m(2,3,11,13) + \sum d(5\sim10)$$

经化简变换后,可得到最简与非表达式为

$$F(A,B,C,D) = \overline{\overline{BC} \cdot \overline{A\overline{CD}}}$$

(逻辑电路图略)

3. 设一位十进制数的余 3 码用 ABCD 表示,相应的 2421 码用 WXYZ 表示,可列出真值表,如表 4.11 所示。

表 4.11 真值表

A	B	C	D	W	X	Y	Z	A	B	C	D	W	X	Y	Z
0	0	0	0	d	d	d	d	1	0	0	0	1	0	1	1
0	0	0	1	d	d	d	d	1	0	0	1	1	1	0	0
0	0	1	0	d	d	d	d	1	0	1	0	1	1	0	1
0	0	1	1	0	0	0	0	1	0	1	1	1	1	1	0
0	1	0	0	0	0	0	1	1	1	0	0	1	1	1	1
0	1	0	1	0	0	1	0	1	1	0	1	d	d	d	d
0	1	1	0	0	0	1	1	1	1	1	0	d	d	d	d
0	1	1	1	0	1	0	0	1	1	1	1	d	d	d	d

根据真值表写出输出函数表达式,经化简后为

$W = A$

$X = AB + AC + AD + BCD = A(B+C+D) + BCD$

$Y = A\bar{C}\bar{D} + ACD + \bar{A}C\bar{D} + \bar{A}\bar{C}D$

$\quad = A \oplus C \oplus D$

$Z = \bar{D}$

(逻辑电路图略)

4. 假定采用异或门实现给定功能,设输入的 4 位代码用 $B_4B_3B_2B_1$ 表示,输出函数用 F 表示,根据题意和异或运算的规则,可直接写出输出函数表达式为

$F = \overline{B_4 \oplus B_3 \oplus B_2 \oplus B_1}$

(逻辑电路图略)

5. 根据要求,可对给出的逻辑函数表达式作如下变换:

$F = A\bar{B}\bar{C} + BC\bar{D} + A\bar{C}\bar{D} + BCD$

$\quad = (\bar{B}+\bar{D})A\bar{C} + B\bar{D}C + BDC$

$\quad = \overline{BD}A\bar{C} + \overline{BD}BC + \overline{BD}CD$

$\quad = \overline{\overline{BDA\bar{C}} \cdot \overline{BDBC} \cdot \overline{BDCD}}$

(逻辑电路图略)

第 5 章

同步时序逻辑电路

知识要点

- 时序逻辑电路的基本概念
- 同步时序逻辑电路的分析与设计方法
- 典型同步时序逻辑电路的分析与设计

5.1 重点与难点

5.1.1 基本概念

1. 定义

若一个逻辑电路在任何时刻产生的稳定输出信号不仅与该时刻电路的输入信号有关,而且与电路过去的输入信号有关,则称该电路为**时序逻辑电路**。

2. 电路的一般结构

时序逻辑电路的结构框图如图 5.1 所示。

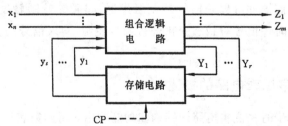

图 5.1 时序逻辑电路结构框图

图中各信号含义如下。

$x_i(i=1\sim n)$：外部向电路输入的时序信号，通常称为**输入变量**。

$Z_j(j=1\sim m)$：电路产生的输出时序信号，通常称为**输出函数**。

$y_k(k=1\sim s)$：由电路过去输入确定的状态，称为**状态变量**。所谓电路输出与过去的输入相关，是通过与电路现有状态相关体现的。就某一时刻而言，通常将该时刻电路的状态称为**现态**，记作 y_k^n，简记为 y_k；而将下一时刻电路的状态称为**次态**，记作 y_k^{n+1}。

$Y_l(l=1\sim r)$：确定电路下一时刻状态（即次态）的函数，通常称为**激励函数**。

CP：时钟脉冲信号，用来确定电路状态转换时刻，并实现**等状态时间**。

3. 电路的结构模型

按照电路输出与输入、状态的关系，时序逻辑电路有以下两种结构模型。

(1) Mealy 模型：电路输出是电路输入和状态变量的函数。其关系为

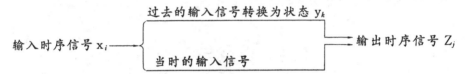

(2) Moore 模型：电路输出是电路状态变量的函数。其关系为

输入时序信号 x_i ——→ 电路状态变量 y_k ——→ 输出时序信号 Z_j

4. 电路的分类

时序逻辑电路按其状态改变方式可分为以下两种类型。

(1) 同步时序逻辑电路

电路中的存储器件为时钟控制触发器，各触发器共用同一时钟信号，即电路中各触发器状态的转移时刻在统一时钟信号控制下同步发生。

(2) 异步时序逻辑电路

电路中的存储器件可以是时钟控制触发器、非时钟控制触发器或延时元件。电路没有统一的时钟信号对状态变化进行同步控制，输入信号的变化将直接引起电路状态的变化。

5. 同步时序逻辑电路的描述

任何一个同步时序逻辑电路的结构和功能可用 3 组函数表达式完整地描述。

(1)输出函数表达式

$$Z_j=f_j(x_i,y_k) \qquad \text{(Mealy 型)}$$

$$Z_j = f_j(y_k) \quad \text{(Moore 型)}$$

(2) 激励函数表达式

$$Y_l = f_l(x_i, y_k)$$

(3) 次态函数表达式

$$y_k^{n+1} = f_k(Y_l, y_k)$$

此外,同步时序逻辑电路的功能还可以用状态表和状态图描述。

5.1.2 同步时序逻辑电路的分析与设计

1. 分析与设计的两个工具

在同步时序逻辑电路分析和设计的过程中,为了清晰地反映输入、输出、现态、次态之间的关系,生动地描述电路的行为过程,引入了**状态表**和**状态图**作为分析和设计的工具。

(1) 状态表

状态表是一种反映同步时序逻辑电路的输出、次态与输入、现态之间关系的表格。它能够完全描述同步时序逻辑电路在输入时序信号作用下的状态转移关系及相应的输出响应。

作状态表时,在表格的左边从上到下列出电路的全部状态;在表格的上边从左到右列出一位输入的全部取值组合;表格的中间列出不同状态在不同输入取值组合下的次态和输出。对于 Moore 型电路,由于输出仅与状态直接相关,所以在表中单独作为一列。表 5.1 和表 5.2 分别给出了 Mealy 型电路和 Moore 型电路的状态表格式。

表 5.1 Mealy 型电路状态表格式

现态	次态/输出
	输入 x
y	y^{n+1}/Z

表 5.2 Moore 型电路状态表格式

现态	次态	输出
	输入 x	
y	y^{n+1}	Z

(2) 状态图

状态图是一种反映同步时序逻辑电路在输入时序信号作用下的状态转移规律,以及相应输出响应的有向图。

在状态图中,每个状态用一个圆圈表示,圈内标出状态名或状态编码,并用连接各圆圈的有向线段或弧线表示状态转移关系,连线旁边标出产生转移的输入条件及相应输出。对于 Moore 型电路,则将输出标注在圆圈内状态的下方。

图 5.2(a)、(b)分别给出了 Mealy 型和 Moore 型电路状态图的形式。

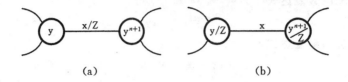

图 5.2　Mealy 型和 Moore 型电路状态图

2. 分析与设计的一般方法

(1) 分析方法

分析同步时序逻辑电路的常用方法有**表格法**和**代数法**。两种方法的一般过程如图 5.3 所示。

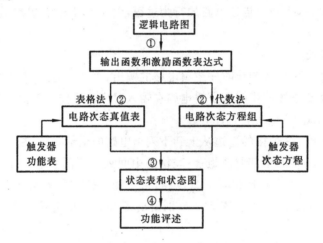

图 5.3　分析的一般过程

由图可见,分析过程一般分为 4 步,两种方法仅在第②步不同。具体步骤如下。

① 写出输出函数和激励函数表达式。根据给定的逻辑电路图,确定电路的输入变量、状态变量、激励函数和输出函数,并写出各触发器的激励函数表达式和电路的输出函数表达式。

② 列出电路次态真值表(表格法)或导出电路次态方程组(代数法)。

次态真值表　列出电路输入和现态下的次态。它反映了电路的状态转移关系,通常又称为状态转移表。列表时一般先列出激励函数真值表,然后根据激励函数值和触发器功能表确定电路次态。

次态方程组　根据触发器类型列出电路中各触发器的次态方程,并将激励函数表达式代入相应次态方程,得到反映次态、输入和现态关系的方程组。

③ 作出状态表和状态图。根据次态真值表或次态方程组以及电路的输出函数表达式,作出电路状态表并画出相应的状态图。

④ 功能评述。首先根据状态图,分析电路输出对输入的响应,必要时可通过拟定典型输入序列画出时间图,然后给出对电路逻辑功能的文字描述。

通过分析,除了解电路的逻辑功能外,还可对设计方案的优劣作出评价。

(2) 设计方法

同步时序逻辑电路设计又称为同步时序逻辑电路综合。基于小规模集成电路的设计方法以电路最简为目标,即力求用最少的触发器和逻辑门实现要求的逻辑功能。常用的方法有**表格法**和**代数法**,两种方法的一般过程如图5.4所示。

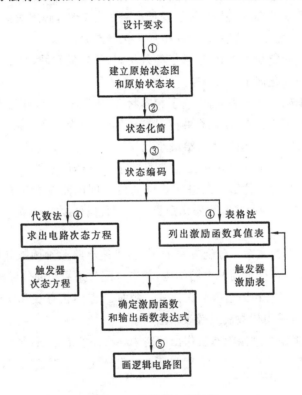

图 5.4 设计的一般过程

由图可见,设计过程一般分为 5 步,表格法和代数法仅在第④步不同。具体各步骤如下。

① 建立原始状态图和原始状态表。建立原始状态图和原始状态表是同步时序逻辑电路设计关键的一步,也是相对较困难的一步。要求在全面、正确理解设计要求的基础上,注意如下几点:

- 确定电路结构模型；
- 设立电路初始状态；
- 根据需要记忆的信息设立电路状态；
- 对于所设立的每个状态，确定在不同输入作用下的次态和电路在各时刻的输出。

原始状态图（表）以清晰、正确地反映设计要求为原则，允许存在多余状态。

根据实际问题建立的原始状态表可分为完全确定原始状态表和不完全确定原始状态表两种类型。若表中所有次态和输出都是确定的，则称为完全确定原始状态表；若表中存在不确定（随意的）次态或输出，则称为不完全确定原始状态表。

② 状态化简。原始状态表中可能存在多余状态，而状态数目的多少直接决定电路中所需触发器的多少，因此，为了降低电路的复杂性，必须对原始状态表进行化简，即消去表中的多余状态，得到一个最小化状态表。

在化简完全确定状态表时，引入了等效状态、等效类和最大等效类的概念。并使用了隐含表作为化简工具。

化简不完全确定状态表时，引入了相容状态、相容类、最大相容类、最小闭覆盖的概念。并使用了隐含表、状态合并图、覆盖闭合表作为化简工具。

③ 状态编码。状态编码是指给最小化状态表中用字母或数字表示的每个状态指定一个二进制代码，得到一个二进制状态表。具体任务是：

- 确定二进制代码位数。二进制代码的位数即电路中触发器状态变量的个数。设最小化状态表中的状态数为 n，所需二进制代码位数为 m，则 m 与 n 的关系为

$$2^{m-1} < n \leqslant 2^m$$

- 确定状态分配方案。分配方案的不同，可使电路激励函数和输出函数的复杂度不同。为了尽可能地简化电路结构，状态分配常采用相邻分配法。

④ 确定激励函数和输出函数表达式。根据二进制状态表和所选用的触发器确定激励函数，可采用代数法或者表格法。

- 代数法：根据二进制状态表作出电路中各次态的卡诺图，经化简后得到电路次态方程组。然后，将电路次态方程与所选触发器次态方程相比较，确定激励函数表达式。
- 表格法：根据二进制状态表和所选触发器激励表，列出激励函数真值表，经化简后得到激励函数表达式。

输出函数表达式的确定，可由二进制状态表直接作出输出函数卡诺图，经化简后得到输出函数的最简表达式。

⑤ 根据输出函数和激励函数表达式及所选择的逻辑门和触发器，画出逻辑电路图。

以上步骤仅就一般而言。当电路中触发器状态组合数多于最小化状态表中状态数时，必须对所设计的电路加以讨论，如果存在**挂起**现象或**错误**输出现象，则应对设计方案加以修正。其次，对于有的设计问题（如状态数目固定的计数器等）可以省略某些步骤。因此，设计方法和步骤应视具体问题灵活运用。

5.1.3 典型同步时序逻辑电路

数字系统中最常用的同步时序逻辑电路有计数器、寄存器、序列检测器、代码检测器、信号分配器和序列信号发生器等。

1. 计数器

计数器是一种用来对输入脉冲进行计数的时序逻辑电路。计数器实现指定计数范围内计数所需要的**状态数目**称为**计数器的模**。同步计数器中，所有触发器共用一个时钟脉冲源，且时钟脉冲即为计数脉冲。若计数器的模为 M，电路中触发器个数为 n，则满足关系 $M \leqslant 2^n$。对于计数器的设计，由于模 M 是给定的，所以，电路的状态数也就给定了，即不需要再进行状态化简。其次，状态编码也可以根据设计要求直接确定。所以，可直接作出二进制状态图和状态表。值得**注意**的是，对于 $M < 2^n$ 的计数器，由于电路中存在不使用的无效状态，因此，在设计完成后，应检查电路是否具有**自启动**功能，即当电路由于意外原因进入无效状态时，能否自动回到有效状态循环中来。若不能，则称为**挂起**，在这种情况下，计数器不能可靠工作，应该对设计进行修正。

计数器除了完成计数功能外，还可用于实现定时、分频、产生节拍脉冲等特定功能，用途十分广泛。

2. 寄存器

寄存器是一种用来存放二进制数据或信息的时序逻辑电路。一般具有接收、保存、传送和移位等功能。

由于一个触发器可以存放一位二进制信息，所以一个 n 位寄存器可由 n 个触发器及相应控制电路组成。设计寄存器时，不存在状态化简和状态分配的问题。因此，设计过程比较简单。

3. 序列检测器

序列检测器是一种从随机输入信号中识别出指定序列的时序逻辑电路。一般用要检测的序列命名，例如，"1011"序列检测器，即检测随机输入信号中是否有连续的 4 位代码 1011。设计序列检测器时,需要的状态数目与序列长度相关。序列越长,需要记忆的信息越多,状态越多。其次,当序列的首尾相同时,应考虑是否允许**重叠**的问题。

4. 代码检测器

在时序逻辑电路中,代码检测器是一种对串行输入代码进行检测,并根据问题要求产生相应输出的逻辑电路。它与序列检测器的一个重要区别是,对输入信号的检测是根据代码位长分组进行的,组与组之间不能交叉。例如,BCD 码是以 4 位为一组,ASCII 码是以 7 位为一组等。设计代码检测器时,需要的状态数目与代码的位长相关,代码的位数越长,需要的状态越多。

5. 序列信号发生器

序列信号发生器是用来产生一组周期性二进制代码的时序逻辑电路。序列信号的**循环长度**称之为**模**,记为 M。设计序列信号发生器时,由模 M 的大小决定电路中所需触发器的级数,M 越大,所需触发器越多。

常用的序列信号发生器有**移存型**和**计数型**两种。

6. 信号分配器

信号分配器是将时钟信号经过一定分频后,分配到各路输出。当输出是电位信号时称为**节拍分配器**;当输出是脉冲信号时称为**脉冲分配器**。在数字系统中,信号分配器主要用来产生各种定时信号,以控制系统中执行部件的工作。

5.2 例 题 精 选

例 5-1 分析图 5.5 所示同步时序逻辑电路,说明该电路功能。

解 该电路由 3 个 J-K 触发器和 3 个逻辑门组成,各触发器受同一时钟信号控制。电路有一个外部输入 x,其外部输出即为触发器状态变量 y_2、y_1、y_0,该电路属于 Moore 型同步时序逻辑电路。采用表格法分析该电路的过程如下。

① 写出激励函数表达式。

$$J_3 = K_3 = \overline{\overline{x\ y_1}\ y_2} = xy_2 + y_2y_1$$
$$J_2 = K_2 = \overline{\overline{x\ y_1}} = x + y_1$$
$$J_1 = \overline{x},\ K_1 = 1$$

② 列出电路次态真值表。

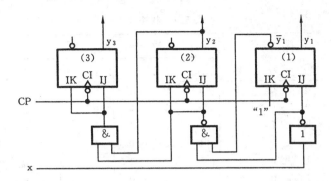

图 5.5 逻辑电路

根据激励函数表达式和 J-K 触发器的功能表可作出电路次态真值表,如表5.3所示。为了使推导过程清晰、方便,表中同时给出了在输入和现态各种取值下的激励函数值。

表 5.3 次态真值表

输入	现态			激励函数						次态		
x	y_3	y_2	y_1	J_3	K_3	J_2	K_2	J_1	K_1	y_3^{n+1}	y_2^{n+1}	y_1^{n+1}
0	0	0	0	0	0	0	0	1	1	0	0	1
0	0	0	1	0	0	1	1	1	1	0	1	0
0	0	1	0	0	0	0	0	1	1	0	1	1
0	0	1	1	1	1	1	1	1	1	1	0	0
0	1	0	0	0	0	0	0	1	1	1	0	1
0	1	0	1	0	0	1	1	1	1	1	1	0
0	1	1	0	0	0	0	0	1	1	1	1	1
0	1	1	1	1	1	1	1	1	1	0	0	0
1	0	0	0	0	0	1	1	0	1	0	1	0
1	0	0	1	0	0	1	1	0	1	0	1	0
1	0	1	0	1	1	1	1	0	1	1	0	0
1	0	1	1	1	1	1	1	0	1	1	0	0
1	1	0	0	0	0	1	1	0	1	1	1	0
1	1	0	1	0	0	1	1	0	1	1	1	0
1	1	1	0	1	1	1	1	0	1	0	0	0
1	1	1	1	1	1	1	1	0	1	0	0	0

③ 作出状态表和状态图。

根据表 5.3 所示次态真值表,可作出该电路的状态表如表 5.4 所示,状态图如图 5.6 所示。为了清晰,在图 5.6 中,分别用图(a)和图(b)表示 x=0 和 x=1 时电路的状态转移关系。

表 5.4 状态表

现态			次态 $y_3^{n+1} y_2^{n+1} y_1^{n+1}$					
y_3	y_2	y_1	x=0			x=1		
0	0	0	0	0	1	0	1	0
0	0	1	0	1	0	0	1	0
0	1	0	0	1	1	1	0	0
0	1	1	1	0	0	1	0	0
1	0	0	1	0	1	1	1	0
1	0	1	1	1	0	1	1	0
1	1	0	1	1	1	0	0	0
1	1	1	0	0	0	0	0	0

④ 功能评述。

由图 5.6 可知,当 x=0 时,电路在时钟作用下进行模 8 计数;当 x=1 时,电路在时钟作用下进行模 4 计数,并且具有自启动功能。因此,该电路是一个可控计数器,在输入 x 控制下,可分别实现模 8 或模 4 计数功能。

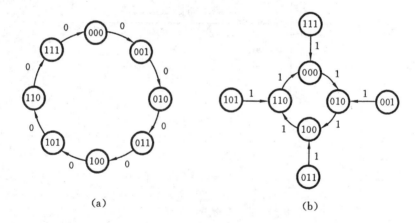

图 5.6 状态图

例 5-2 分析图 5.7 所示同步时序逻辑电路。设电路初始状态为"00",输入序列为 01001101011100,作出电路的状态和输出响应序列,说明电路功能。

解 该电路由两个 T 触发器和 4 个逻辑门组成。电路有一个外部输入 x 和一个外部输出 Z,输出与输入、状态变量均直接相关,属于 Mealy 型同步时序逻辑电路。采用代数法分析该电路的过程如下。

① 写出输出函数和激励函数表达式。

$Z = \bar{x} y_1 y_0$

$T_2 = \overline{\bar{x}\,\bar{y}_2 + \bar{y}_2 \bar{y}_1 + xy_2 y_1} = \bar{x} y_2 + x\,\bar{y}_2 y_1 + y_2 \bar{y}_1$

$T_1 = x \oplus y_1$。

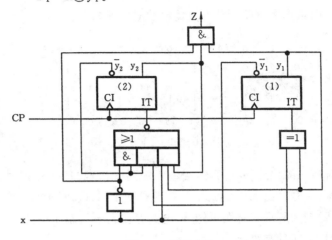

图 5.7 逻辑电路

② 导出电路次态方程组。

根据 T 触发器的次态方程和电路的激励函数表达式，可推导出电路的次态方程组为

$y_2^{n+1} = T_2 \oplus y_2 = \bar{T}_2 y_2 + T_2 \bar{y}_2$

$\quad\quad = (\bar{x}\,\bar{y}_2 + \bar{y}_2 \bar{y}_1 + xy_2 y_1) y_2 + (\bar{x} y_2 + x\,\bar{y}_2 y_1 + y_2 \bar{y}_1) \bar{y}_2$

$\quad\quad = xy_2 y_1 + x\,\bar{y}_2 y_1 = xy_1$

$y_1^{n+1} = T_1 \oplus y_1 = x \oplus y_1 \oplus y_1 = x$

③ 作出状态表和状态图。

根据次态方程组和输出函数表达式，可作出状态表如表 5.5 所示，相应状态图如图 5.8 所示。

表 5.5 状态表

现态		次态 $y_2^{n+1} y_1^{n+1}$ /输出 Z	
y_2	y_1	$x=0$	$x=1$
0	0	00/0	01/0
0	1	00/0	11/0
1	1	00/1	11/0
1	0	00/0	01/0

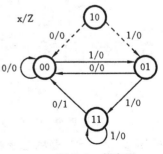

图 5.8 状态图

④ 求出电路在输入序列作用下的输出响应序列,说明电路功能。
设初始状态为 $y_2y_1=00$,输入序列
$$x=01001101011100$$
根据状态图可作出电路的状态和输出响应序列如下:

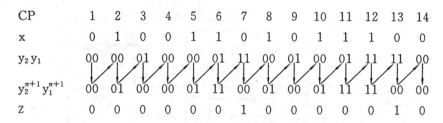

由输出对输入的响应序列可知,当输入序列中出现"110"序列时,电路产生一个 1 输出信号,平时输出为 0。因此,该电路是一个"110"序列检测器。

此外,从图 5.8 所示状态图可知,该电路存在无效状态 10,但不存在挂起现象和错误输出现象,即具有自启动能力。

例 5-3 分析图 5.9 所示同步时序逻辑电路。假定从输入端 x_2、x_1 串行输入两个 n 位二进制数(先输入高位后输入低位),电路初始状态为"00",试说明该电路功能。

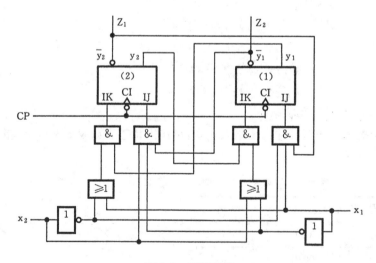

图 5.9 逻辑电路

解 该电路由两个 J-K 触发器和 8 个逻辑门组成。电路有两个输入 x_2、x_1,两个输出 Z_2、Z_1,输出是状态变量的函数,属于 Moore 型同步时序逻辑电路。

① 写出输出函数和激励函数表达式。

$$Z_2 = \bar{y}_1 \qquad Z_1 = \bar{y}_2$$
$$J_2 = x_2 \bar{x}_1 \bar{y}_1 \qquad K_2 = (\bar{x}_2 + x_1) y_1$$
$$J_1 = \bar{x}_2 x_1 \bar{y}_2 \qquad K_1 = (x_2 + \bar{x}_1) y_2$$

② 导出电路次态方程组。

$$\begin{aligned}
y_2^{n+1} &= J_2 \bar{y}_2 + \bar{K}_2 y_2 \\
&= x_2 \bar{x}_1 \bar{y}_1 \bar{y}_2 + \overline{(\bar{x}_2 + x_1) y_1} y_2 \\
&= x_2 \bar{x}_1 \bar{y}_2 \bar{y}_1 + x_2 \bar{x}_1 y_2 + y_2 \bar{y}_1 \\
y_1^{n+1} &= J_1 \bar{y}_1 + \bar{K}_1 y_1 \\
&= \bar{x}_2 x_1 \bar{y}_2 \bar{y}_1 + \overline{(x_2 + \bar{x}_1) y_2} \cdot y_1 \\
&= \bar{x}_2 x_1 \bar{y}_2 \bar{y}_1 + \bar{x}_2 x_1 y_1 + \bar{y}_2 y_1
\end{aligned}$$

③ 作出状态表和状态图。

根据电路的次态方程和输出函数表达式,可作出状态表如表 5.6 所示,相应状态图如图 5.10 所示。

表 5.6 状态表

现态		次态 $y_2^{n+1} y_1^{n+1}$				输出	
y_2	y_1	$x_2 x_1 = 00$	$x_2 x_1 = 01$	$x_2 x_1 = 11$	$x_2 x_1 = 10$	Z_2	Z_1
0	0	0 0	0 1	0 0	1 0	1	1
0	1	0 1	0 1	0 1	0 1	0	1
1	1	0 0	0 0	0 0	1 0	0	0
1	0	1 0	1 0	1 0	1 0	1	0

④ 功能评述。

由状态图可知,该电路是一个比较两个 n 位二进制数大小的数值比较器。若串行输入的两个数相等,则输出 $Z_2 Z_1 = 11$;若从 x_2 输入的数大于从 x_1 输入的数,则输出 $Z_2 Z_1 = 10$;若从 x_2 输入的数小于从 x_1 输入的数,则输出 $Z_2 Z_1 = 01$。此外,该电路有一个无效状态 11,在无效状态下不会产生错误输出,并且不会产生挂起现象。

例 5-4 分析图 5.11 所示同步时序逻辑电路,作出时间图,说明电路功能。

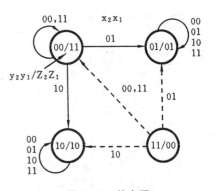

图 5.10 状态图

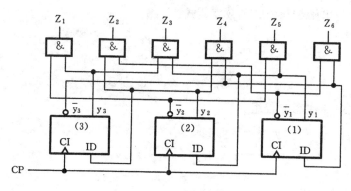

图 5.11 逻辑电路

解 该电路由 3 个 D 触发器和 6 个与门组成。电路无外输入信号,仅在时钟作用下发生状态转移,并产生 6 个输出信号,属于 Moore 型同步时序逻辑电路。

① 写出输出函数和激励函数表达式。

$$Z_6 = \bar{y}_3 \bar{y}_1 \qquad Z_5 = \bar{y}_2 y_1 \qquad Z_4 = \bar{y}_3 y_2$$
$$Z_3 = y_3 y_1 \qquad Z_2 = y_2 \bar{y}_1 \qquad Z_1 = y_3 \bar{y}_2$$
$$D_2 = y_2 \qquad D_1 = y_1 \qquad D_0 = \bar{y}_3$$

② 导出电路次态方程。

由于 D 触发器的次态方程为 $Q^{n+1} = D$,所以,该电路的次态方程与激励函数相同,即

$$y_3^{n+1} = y_2 \qquad y_2^{n+1} = y_1 \qquad y_1^{n+1} = \bar{y}_3$$

③ 作出状态表和状态图。

根据次态方程和输出函数表达式,可作出状态表如表 5.7 所示,状态图如图 5.12 所示。

表 5.7 状态表

现态			次态			输出					
y_3	y_2	y_1	y_3^{n+1}	y_2^{n+1}	y_1^{n+1}	Z_6	Z_5	Z_4	Z_3	Z_2	Z_1
0	0	0	0	0	1	1	0	0	0	0	0
0	0	1	0	1	1	0	1	0	0	0	0
0	1	0	1	0	1	1	0	1	0	1	0
0	1	1	1	1	1	0	0	1	0	0	0
1	0	0	0	0	0	0	0	0	0	0	1
1	0	1	0	1	0	0	1	0	1	0	0
1	1	0	1	0	0	0	0	0	0	1	0
1	1	1	1	1	0	0	0	0	1	0	0

第5章 同步时序逻辑电路

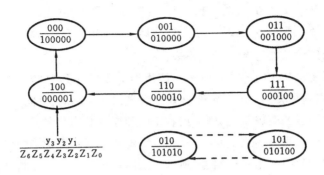

图 5.12 状态图

④ 作出时间图,说明电路功能。

根据状态图,可作出时间图如图 5.13 所示。

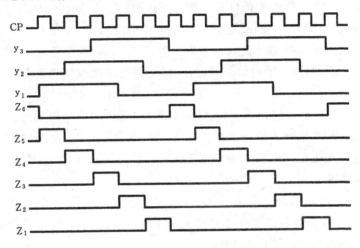

图 5.13 时间图

由时间图可知,该电路是一个脉冲分配器。电路中的 3 个触发器构成模六计数器,经过 6 个与门依次产生 6 倍于时钟脉冲周期的脉冲信号分配到 6 个输出端。此外,从图 5.12 所示状态图可知,该电路有两个无效状态,不具备自启动功能,并且在无效状态下会产生错误输出。为了保证电路可靠工作,应对原电路作适当修正。若令 $D_0 = \bar{y}_3 + \bar{y}_2 \bar{y}_1$,$Z_6 = \bar{y}_3 \bar{y}_2 \bar{y}_1$,$Z_5 = \bar{y}_3 \bar{y}_2 y_1$,$Z_4 = \bar{y}_3 y_2 y_1$,$Z_3 = y_3 y_2 y_1$,$Z_2 = y_3 y_2 \bar{y}_1$,$D_2$、$D_1$、$Z_1$ 不变,即可解决所存在的问题。

例 5-5 设计一个"001/010"序列检测器。该电路有一个输入 x 和一个输出 Z,当随机输入信号中出现"001"或"010"时,输出 Z 为 1,平时输出 Z 为 0。典型输入、输出序列如下:

| x | 1 | 0 | 0 | 1 | 0 | 1 | 0 | 0 | 1 | 1 |
| Z | 0 | 0 | 0 | 1 | 0 | 0 | 1 | 0 | 0 | 0 |

试作出该电路的原始状态图和原始状态表。

解 该问题要求从随机输入信号中检测出两个不同序列"001"和"010",且由典型输入、输出序列可知,序列不允许重叠。假定采用 Mealy 型同步时序逻辑电路实现该序列检测器的逻辑功能,则原始状态图和原始状态表的建立过程如下。

设电路初始状态为 A。当电路处在状态 A,输入信号为 0 时,由于输入 0 是序列"001"和序列"010"中的第一位信号,所以,电路应该用一个新的状态记住,假定用状态 B 记住,则电路处在状态 A 输入为 0 时应输出 0,转向状态 B;当电路处在状态 A 输入信号为 1 时,由于输入 1 不是序列"001"和"010"的第一位信号,不需要记住,故可令电路输出 0,停留在状态 A。

当电路处在状态 B 输入信号为 0 时,意味着收到了序列"001"的前两位信号 00,可令电路用一个新的状态 C 记住,即电路处在状态 B 输入为 0 时,应输出 0,转向状态 C;当电路处在状态 B 输入信号为 1 时,意味着收到了序列"010"的前两位信号 01,可令电路用一个新的状态 D 记住,即电路处在状态 B 输入为 1 时,应输出 0,转向状态 D。

当电路处在状态 C 输入信号为 0 时,虽然没收到"001"序列的第三位信号 1,但输入的后两位 00 依然可作为序列"001"的前面两位,故可令电路输出 0,停留在状态 C;当电路处在 C 状态输入为 1 时,表示收到了序列"001",根据题意,电路应输出 1,转向状态 A。

当电路处在状态 D 输入为 0 时,表示收到了序列"010",根据题意,电路应输出 1,转向状态 A;当电路处在状态 D 输入为 1 时,所得到的连续 3 位代码为 011,不属于指定序列,电路应输出 0,转向状态 A。

综合上述过程,可得到该序列检测器的 Mealy 型原始状态图,如图 5.14 所示;相应的原始状态表如表 5.8 所示。

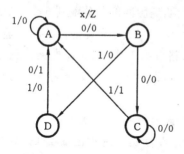

图 5.14 Mealy 型原始状态图

表 5.8 Mealy 型原始状态表

现态	次态/输出 Z	
	x=0	x=1
A	B/0	A/0
B	C/0	D/0
C	C/0	A/1
D	A/1	A/0

当采用 Moore 型同步时序逻辑电路实现该序列检测器的逻辑功能时,由于 Moore 型电路的输出完全由电路状态变量确定,因此,电路应在上述 4 个状态的基础上增加一个新的状态,用来表示电路收到了序列"001"或者"010",假定用状态 E 表示,可作出该电路的 Moore 型原始状态图,如图 5.15 所示;相应状态表如表 5.9 所示。

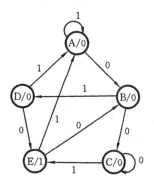

表 5.9 Moore 型原始状态表

现态	次态		输出
	$x=0$	$x=1$	Z
A	B	A	0
B	C	D	0
C	C	E	0
D	E	A	0
E	B	A	1

图 5.15 Moore 型原始状态图

例 5-6 设计一个 4 位二进制代码的奇偶检测电路。该电路从输入端 x 串行输入 4 位二进制代码,当每 4 位代码中含 1 的个数为奇数时,输出 Z 为 1,否则输出 Z 为 0。试建立该电路的 Mealy 型原始状态图和原始状态表。

解 由于该电路输入为 4 位二进制代码,所以对输入信号的检测是以 4 位为一组按组进行的,每组的检测过程相同。

设电路初始状态为 A,根据题意,可按照每输入一位代码后,电路所收到的 1 的个数是奇数还是偶数,设立不同状态,即:

状态 B 表示收到的第 1 位代码为 0;

状态 C 表示收到的第 1 位代码为 1;

状态 D 表示收到的头 2 位代码中含 1 的个数为偶数(即 00 或 11);

状态 E 表示收到的头 2 位代码中含 1 的个数为奇数(即 01 或 10);

状态 F 表示收到的头 3 位代码中含 1 的个数为偶数(即 000,011,101,110);

状态 G 表示收到的头 3 位代码中含 1 的个数为奇数(即 001,010,100,111)。

电路记住前 3 位代码中含 1 个数的奇、偶后,待第 4 位代码到达时,便可产生检测结果;若 4 位代码中含 1 的个数为奇数,则电路输出为 1,否则输出为 0。电路在收到第 4 位代码后,返回初始状态,继续下组检测。据此可作出该代码检测器的原始状态图,如图 5.16 所示;相应的原始状态表如表 5.10 所示。

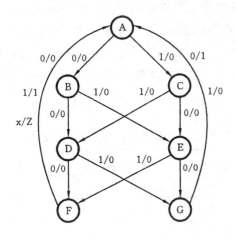

现态	次态/输出 Z	
	x=0	x=1
A	B/0	C/0
B	D/0	E/0
C	E/0	D/0
D	F/0	G/0
E	G/0	F/0
F	A/0	A/1
G	A/1	A/0

表 5.10 原始状态表

图 5.16 原始状态图

例 5-7 化简表 5.11 所示原始状态表。

表 5.11 原始状态表

现态	次态/输出	
	x=0	x=1
A	E/0	B/0
B	A/0	D/1
C	F/0	D/0
D	A/0	B/1
E	C/0	A/0
F	A/0	C/0

解 表 5.11 所示是一个完全确定原始状态表。化简完全确定原始状态表引入了等效状态、等效类、最大等效类的概念。常用的方法有观察法、隐含表法和输出分类法等,下面分别采用隐含表法和输出分类法化简给定原始状态表。

解法 I 隐含表法。

用隐含表法化简的一般步骤如下:

① 利用隐含表找等效状态对。

根据等效状态的判断标准,借助隐含表对表 5.11 中状态进行顺序比较和关联比较,其结果如图 5.17 所示。

由比较结果得到 3 个状态等效对(A,C)、(B,D)和(E,F)。

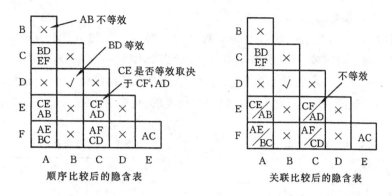

图 5.17 隐含表

② 求最大等效类。

本例中的 3 个状态等效对构成了覆盖原始状态表的 3 个最大等效类,即最大等效类亦为{A,C},{B,D}和{E,F}。

③ 状态合并,得到最简状态表。

令最大等效类{A,C}、{B,D}、{E,F}分别用状态 a、b、c 表示,并代入表 5.11,即可得到表 5.12 所示最简状态表。

表 5.12 最简状态表

现 态	次态/输出 Z	
	$x=0$	$x=1$
a	c/0	b/0
b	a/0	b/1
c	a/0	a/0

解法Ⅱ 输出分类法。

用输出分类法化简的一般步骤如下:

步骤①　　　步骤②　　　步骤③

① 按输出进行状态分类。

根据状态等效的判断条件,如果原始状态表中的某些现态,在一位输入各种取值下的输出相同,则满足状态等效的必备条件之一,具有等效的可能性。因此,可按输出进行状态分类,并给每个状态类一个编号。如表 5.11 中的 6 个状态可按输出分为两类,其中 A、C、E、F 在 $x=0$ 和 $x=1$ 时输出均为 0,归入输出(0,0)类,记为①类;B、D 在 $x=0$ 时输出为 0,在 $x=1$ 时输出为 1,归入输出(0,1)类,记为②类。

② 作出状态类表。

所谓状态类表,是指按状态类编号列出现态类在一位输入作用下的次态类。当现态类中的状态具有不同次态类时,将该状态类作进一步划分,产生新的状态类。直至同一现态类中各状态的次态类相同为止,所得到的每一个状态类即一个最大等效类。表 5.11 所示状态表经第一次分类后,可得到状态类表 I,如表 5.13 所示。

表 5.13 状态类表 I

现态类		次态类	
类编号	状态	x=0	x=1
①	A	①	②
	C	①	②
	E	①	①
	F	①	①
②	B	①	②
	D	①	②

表 5.14 状态类表 II

现态类		次态类	
类编号	状态	x=0	x=1
①	A	③	②
	C	③	②
②	B	①	②
	D	①	②
③	E	①	①
	F	①	①

由表 5.13 可知,在现态类①中,状态 A、C 与状态 E、F 具有不同的次态类,因此,应作进一步划分。假定将 E、F 作为一个新的状态类③,则可得到第二次分类后的状态类表,如表 5.14 所示。

③ 状态合并,得到最简状态表。

由表 5.14 可知,经过二次分类后的 3 个状态类,在一位输入取值下每个状态类中的状态均输出相同且次态类相同,即每个状态类中的状态是等效的。所得到的 3 个状态类构成了覆盖原始状态表中所有状态的 3 个最大等效类。令状态类①用 a 表示,状态类②用 b 表示,状态类③用 c 表示,即可得到表 5.12 所示最简状态表。显然,用隐含表法和输出分类法得到的结果完全相同。

例 5-8 化简表 5.15 所示原始状态表。

表 5.15 原始状态表

现态	次态/输出	
	x=0	x=1
A	C/0	A/0
B	d/d	E/d
C	A/1	D/d
D	B/d	d/1
E	D/0	d/d

解 表 5.15 所示的是一个不完全确定原始状态表。化简不完全确定原始状

态表将引入相容状态、相容类、最大相容类、最小闭覆盖等概念。常用的方法有隐含表法,其一般步骤如下:

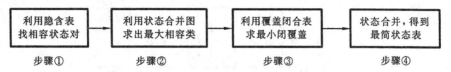

按照上述步骤化简表 5.15 所示原始状态表的过程如下。

① 作隐含表,找相容状态对。

根据相容状态的判断条件,可作出隐含表如图 5.18 所示。

由隐含表可知,表 5.15 中的相容状态对为(A,B),(A,E),(B,C),(B,D),(B,E),(C,D),(D,E)。

② 作状态合并图,求最大相容类。

根据相容状态对可作出状态合并图,如图 5.19 所示。从状态合并图得到最大相容类为{A,B,E},{B,C,D},{B,D,E}。

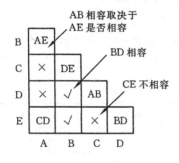

图 5.18 隐含表

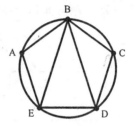

图 5.19 状态合并图

③ 作覆盖闭合表,求最小闭覆盖。

若从最大相容类中选择最小闭覆盖,可作出覆盖闭合表,如表 5.16 所示。

表 5.16 由最大相容类构成的覆盖闭合表

最大相容类			覆 盖				闭 合	
			A	B	C	D	E	$x=0$	$x=1$
A	B	E	√	√			√	CD	AE
B	C	D		√	√	√		AB	DE
B	D	E		√		√	√	BD	E

根据表 5.16 和选择最小闭覆盖的条件可知,该例的最小闭覆盖应包含 3 个最大相容类。但仔细分析可以发现,事实上满足覆盖闭合的相容类数目可以更少。如果选择相容类{A,B,E}和{C,D},同样可以既满足覆盖,又满足闭合,其覆盖闭合表如表 5.17 所示。显然,后者更简。

表 5.17 由相容类构成的覆盖闭合表

相容类	覆盖				闭合	
	A	B	C	D	E	x=0	x=1
A B E	√	√			√	CD	AE
C D			√	√		AB	D

④ 作出最简状态表。

假定将表 5.15 中的最大相容类{A,B,E}用状态 a 表示,相容类{C,D}用状态 b 表示,将其代入表 5.15 所示原始状态表中,可得到最简状态表,如表 5.18 所示。

表 5.18 最简状态表

现 态	次态/输出	
	x=0	x=1
a	b/0	a/0
b	a/1	b/1

例 5-9 某同步时序逻辑电路的二进制状态表如表 5.19 所示。试求出分别用 J-K 触发器和 T 触发器作为存储元件,实现该电路功能的激励函数和输出函数最简表达式。

表 5.19 状态表

现 态		次态 $y_2^{n+1} y_1^{n+1}$/输出 Z	
y_2	y_1	x=0	x=1
0	0	01/0	10/0
0	1	11/0	10/0
1	1	10/1	01/0
1	0	00/1	11/1

解 由表 5.19 可知,该电路是一个具有一个外部输入 x,一个外部输出 Z,需要两个触发器的 Mealy 型同步时序电路。电路的输出函数可直接从状态表求出,而激励函数则应根据状态表和触发器功能共同决定,具体可采用代数法或表格法确定。

① 采用 J-K 触发器作为存储元件。

假定采用代数法,根据二进制状态表可作出电路次态卡诺图和输出函数卡诺图,如图 5.20 所示。

化简后可得到电路的次态方程和输出函数表达式如下:

$$y_2^{n+1} = \bar{x}y_1 + x\bar{y_1} + \bar{y_2}y_1$$

$$y_1^{n+1} = \bar{x}\bar{y_2} + xy_2$$

$$Z = \bar{x}y_2 + y_2\bar{y_1}$$

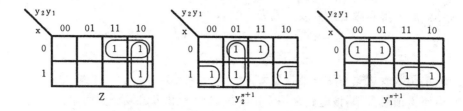

图 5.20 电路次态卡诺图和输出函数卡诺图

为了与 J-K 触发器的次态方程 $Q^{n+1}=J\overline{Q}+\overline{K}Q$ 相比较,以便确定电路的激励函数表达式,可对所得次态方程作如下变换:

$$\begin{aligned}
y_2^{n+1} &= x\oplus y_1 + \overline{y}_2 y_1 \\
&= (x\oplus y_1)(\overline{y}_2+y_2) + y_1\overline{y}_2 \\
&= (x\oplus y_1)\overline{y}_2 + (x\oplus y_1)y_2 + y_1\overline{y}_2 \\
&= (x\oplus y_1 + y_1)\overline{y}_2 + (x\oplus y_1)y_2 \\
&= (x+y_1)\overline{y}_2 + \overline{(x\oplus \overline{y}_1)}y_2
\end{aligned}$$

$$\begin{aligned}
y_1^{n+1} &= x\oplus \overline{y}_2 \\
&= (x\oplus \overline{y}_2)(\overline{y}_1+y_1) \\
&= (x\oplus \overline{y}_2)\overline{y}_1 + \overline{x\oplus y_2}\, y_1
\end{aligned}$$

将变换后的电路次态方程与 J-K 触发器的次态方程相比较,可确定出电路的激励函数表达式为

$$J_2=x+y_1 \qquad K_2=x\oplus \overline{y}_1$$
$$J_1=x\oplus \overline{y}_2 \qquad K_1=x\oplus y_2$$

② 采用 T 触发器作为存储元件。

假定采用表格法,根据二进制状态表和 T 触发器的激励表,可列出电路的激励函数真值表,如表 5.20 所示。

表 5.20 电路的激励函数真值表

x	y_2	y_1	T_2	T_1
0	0	0	0	1
0	0	1	1	0
0	1	0	1	0
0	1	1	0	1
1	0	0	1	0
1	0	1	1	1
1	1	0	0	1
1	1	1	1	0

化简后可得到激励函数表达式为

$$T_2 = x\overline{y}_2 + xy_1 + \overline{y}_2 y_1 + \overline{x}y_2\overline{y}_1$$
$$T_1 = x \oplus y_2 \oplus \overline{y}_1$$

输出函数表达式与触发器类型无关。

由所得结果可知,该电路采用 J-K 触发器比采用 T 触发器更简单。

例 5-10 用 T 触发器作为存储元件,设计一个 8421 码的十进制加 1 计数器,当计数器值为素数时输出 Z 为 1,否则 Z 为 0。

解 8421 码是用 4 位二进制码表示 1 位十进制数字的代码,故该计数器共需 4 个触发器。4 个触发器共有 16 种状态组合,其中 1010~1111 是 8421 码中不允许出现的,即正常计数时不会出现,可作为无关条件处理。由于该电路中的状态数目及状态转移关系是清楚的,所以,可直接作出二进制状态图和状态表。

① 作出状态图和状态表。

根据题意,设触发器状态用 y_4、y_3、y_2、y_1 表示,可作出状态图,如图 5.21 所示;状态表如表 5.21 所示。

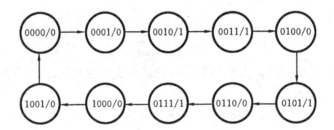

图 5.21 状态图

表 5.21 状态表

现态				次态				输出	现态				次态				输出
y_4	y_3	y_2	y_1	y_4^{n+1}	y_3^{n+1}	y_2^{n+1}	y_1^{n+1}	Z	y_4	y_3	y_2	y_1	y_4^{n+1}	y_3^{n+1}	y_2^{n+1}	y_1^{n+1}	Z
0	0	0	0	0	0	0	1	0	1	0	0	0	1	0	0	1	0
0	0	0	1	0	0	1	0	0	1	0	0	1	0	0	0	0	0
0	0	1	0	0	0	1	1	1	1	0	1	0	d	d	d	d	d
0	0	1	1	0	1	0	0	1	1	0	1	1	d	d	d	d	d
0	1	0	0	0	1	0	1	0	1	1	0	0	d	d	d	d	d
0	1	0	1	0	1	1	0	1	1	1	0	1	d	d	d	d	d
0	1	1	0	0	1	1	1	0	1	1	1	0	d	d	d	d	d
0	1	1	1	1	0	0	0	1	1	1	1	1	d	d	d	d	d

② 确定激励函数和输出函数表达式。

根据状态表和 T 触发器激励表,可作出激励函数和输出函数卡诺图,如图 5.22 所示。化简后可得到激励函数和输出函数表达式为

$T_4 = y_4 y_1 + y_3 y_2 y_1$

$T_3 = y_2 y_1$

$T_2 = \bar{y}_4 y_1$

$T_1 = 1$

$Z = y_3 y_1 + \bar{y}_3 y_2$

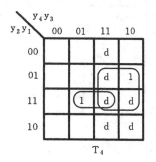
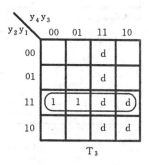
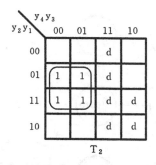
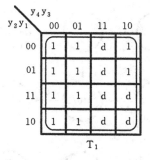
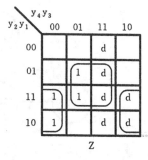

图 5.22 卡诺图

③ 画逻辑电路图。

根据所得到的激励函数和输出函数表达式,可画出该计数器的逻辑电路图,如图 5.23 所示。

该电路中存在 6 个无效状态,在确定激励函数和输出函数时被作为无关最小项处理,即根据化简的需要有的作为 1 处理,有的作为 0 处理。根据处理结果,可作出电路实际工作状态图,如图 5.24 所示。从图 5.24 可知,该电路具有自启动功能,但在无效状态下可能产生错误输出。因此,应将输出函数表达式修改为

$Z = \bar{y}_4 \bar{y}_3 y_2 + \bar{y}_4 y_3 y_1$

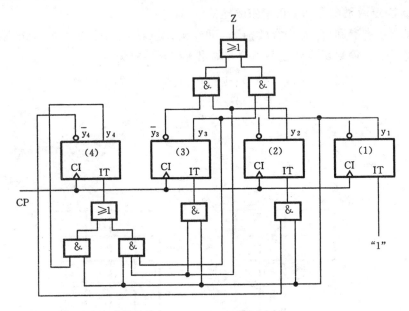

图 5.23 逻辑电路

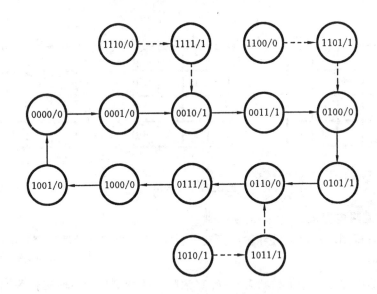

图 5.24 电路实际工作状态图

修改后的逻辑电路图略。

例 5-11 用 D 触发器作为存储元件设计一个 4 位串行输入、并行输出的双向移位寄存器。该电路有一个数据输入端 x 和一个控制输入端 M。当 M=0 时,实现左移,数据从右端串行输入;当 M=1 时,实现右移,数据从左端输入。

解 构成一个 4 位寄存器需要 4 个触发器。设 4 个触发器的状态从左到右依次用 y_4、y_3、y_2、y_1 表示，根据题意，可直接写出电路的次态方程组为

$$y_4^{n+1} = M x + \overline{M} y_3$$

$$y_3^{n+1} = M y_4 + \overline{M} y_2$$

$$y_2^{n+1} = M y_3 + \overline{M} y_1$$

$$y_1^{n+1} = M y_2 + \overline{M} x$$

由于 D 触发器的次态方程为 $Q^{n+1}=D$，即激励函数与次态相同，故可直接画出该寄存器的逻辑电路，如图 5.25 所示。

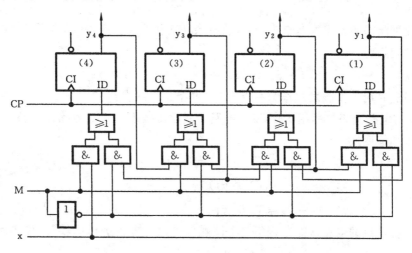

图 5.25 逻辑电路

例 5-12 设计一个移存型序列信号发生器，该电路循环产生序列信号 00011。

解 由于序列信号的长度 M 为 5，故需 3 级触发器。设触发器状态用 y_3、y_2、y_1 表示，序列信号从 y_3 输出，则输出序列与电路状态的关系为

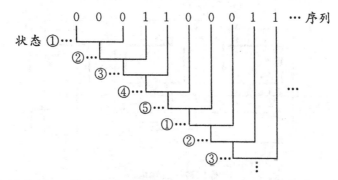

根据上述分析，可作出状态图，如图 5.26 所示；相应状态表如表 5.22 所示。

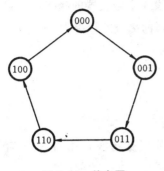

表 5.22 状态表

现态			次态		
y_3	y_2	y_1	y_3^{n+1}	y_2^{n+1}	y_1^{n+1}
0	0	0	0	0	1
0	0	1	0	1	1
0	1	1	1	1	0
1	1	0	1	0	0
1	0	0	0	0	0

图 5.26 状态图

根据状态表作出次态卡诺图,并将多余状态作为无关条件处理,可求出电路的次态方程组为

$$y_3^{n+1} = y_2 \qquad y_2^{n+1} = y_1 \qquad y_1^{n+1} = \bar{y}_3 \bar{y}_2$$

假定采用 J-K 触发器作为存储元件,可将 J-K 触发器的次态方程 $Q^{n+1} = J\bar{Q} + \bar{K}Q$ 与电路次态方程相比较,确定电路的激励函数表达式。为此,对电路次态方程组作如下变换:

$$y_3^{n+1} = y_2 = y_2(\bar{y}_3 + y_3) = y_2\bar{y}_3 + y_2 y_3$$
$$y_2^{n+1} = y_1 = y_1(\bar{y}_2 + y_2) = y_1\bar{y}_2 + y_1 y_2$$
$$y_1^{n+1} = \bar{y}_3\bar{y}_2 = \bar{y}_3\bar{y}_2(\bar{y}_1 + y_1) = \bar{y}_3\bar{y}_2\bar{y}_1 + \bar{y}_3\bar{y}_2 y_1$$

将变换后的电路次态方程组与 J-K 触发器次态方程进行比较后,可得到激励函数为

$$J_3 = y_2 \qquad J_2 = y_1 \qquad J_1 = \bar{y}_3\bar{y}_2 = \overline{y_3 + y_2}$$
$$K_3 = \bar{y}_2 \qquad K_2 = \bar{y}_1 \qquad K_1 = y_3 + y_2$$

由激励函数表达式,可画出该序列发生器的逻辑电路如图 5.27 所示。该电路存在 3 个无效状态,但作出实际电路状态图(过程略)后可知,它具有自启动功能。

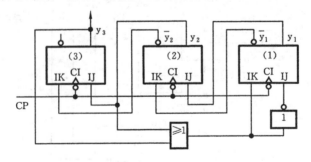

图 5.27 逻辑电路

例 5-13 分析并简化图 5.28 所示同步时序逻辑电路,说明该电路功能。并改用 D 触发器作为存储元件,实现其功能。

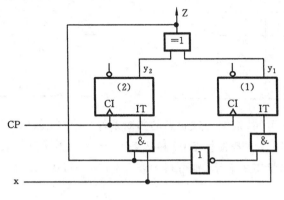

图 5.28 逻辑电路

解 要使一个同步时序逻辑电路达到最简,必须首先使描述电路功能的状态表达到最简,然后再使激励函数和输出函数达到最简。因此,该题求解的关键是,分析电路的状态是否可以进一步简化,具体过程如下。

① 写出输出函数和激励函数表达式。

$$Z = y_2 \oplus y_1$$
$$T_2 = (y_2 \oplus y_1) \cdot x$$
$$T_1 = \overline{y_2 \oplus y_1} \cdot x$$

② 列出电路次态真值表。

根据激励函数表达式和 T 触发器的功能表,可作出次态真值表,如表 5.23 所示。

表 5.23 次态真值表

输入	现态		激励函数		次态	
x	y_2	y_1	T_2	T_1	y_2^{n+1}	y_1^{n+1}
0	0	0	0	0	0	0
0	0	1	0	0	0	1
0	1	0	0	0	1	0
0	1	1	0	0	1	1
1	0	0	0	1	0	1
1	0	1	1	0	1	1
1	1	0	1	0	0	0
1	1	1	0	1	1	0

③ 作出电路状态表。

根据次态真值表和输出函数表达式,可作出状态表,如表 5.24 所示。

表 5.24 状态表

现态		次态 $y_2^{n+1} y_1^{n+1}$		输出
y_2	y_1	$x=0$	$x=1$	Z
0	0	00	01	0
0	1	01	11	1
1	0	10	00	1
1	1	11	10	0

表 5.25 最简状态表

现态	次态 y^{n+1}		输出
y	$x=0$	$x=1$	Z
0	0	1	0
1	1	0	1

观察表 5.24 可知，根据等效状态的判断条件，表中状态 00 和状态 11 等效，状态 01 和状态 10 等效。若将状态 00 和状态 11 合并后用状态 0 表示，将状态 01 和状态 10 合并后用状态 1 表示，则可得到表 5.25 所示最简状态表。

④ 功能评述。

由简化后的状态表可知，该电路当输入为 0 时，次态与现态相同；当输入为 1 时，次态与现态相反。所以，该电路实现了 T 触发器的功能。

⑤ 用 D 触发器作为存储元件实现电路功能。

题中要求改用 D 触发器作为存储元件实现电路功能，实际上是用 D 触发器实现 T 触发器的功能。由简化状态表可知，激励函数 D＝x⊕y，逻辑电路图如图 5.29 所示。

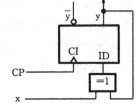

图 5.29 修改后的逻辑电路

例 5-14 分析并完善图 5.30(a)所示同步时序逻辑电路，使之在 CP 作用下产生图 5.30(b)所示输出波形。

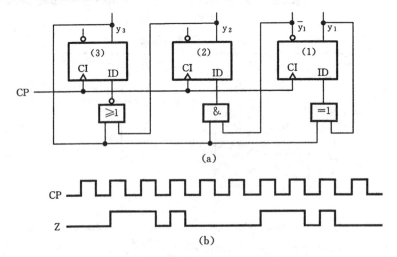

图 5.30 逻辑电路和输入、输出波形图

解 图 5.30(a)所示同步时序逻辑电路中没有输出函数产生电路。仔细观察图 5.30(b)所示的输入、输出波形可知,电路输出信号变化,发生在时钟脉冲的上升沿或下降沿,且输出信号中有与时钟脉冲同时出现的脉冲信号。由此可见,电路输出与 CP 直接相关。因此,求电路输出函数表达式时应把 CP 当成输出函数的变量考虑,即电路输出是电路状态和 CP 的函数。求解步骤如下。

① 写出激励函数表达式。

$$D_3 = \overline{y_3 + y_2} = \overline{y_3}\,\overline{y_2}$$

$$D_2 = y_3 \overline{y_1}$$

$$D_1 = y_3 \oplus y_1$$

② 作出状态转换表和状态转换图。

由 D 触发器的次态方程 $Q^{n+1}=D$,可直接作出电路的状态转换表,如表 5.26 所示;状态转换图如图 5.31 所示。

表 5.26 状态转换表

现态			次态		
y_3	y_2	y_1	y_3^{n+1}	y_2^{n+1}	y_1^{n+1}
0	0	0	1	0	0
0	0	1	1	0	1
0	1	0	0	0	0
0	1	1	0	0	1
1	0	0	0	1	1
1	0	1	0	0	0
1	1	0	0	1	1
1	1	1	0	0	0

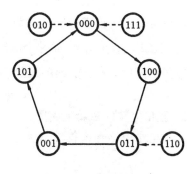

图 5.31 状态转换图

③ 作出电路时间图。

由状态转换图可以看出,该电路中有 3 个无效状态,电路具有自启动功能。设电路初始状态为 000,根据状态转换图和给定的输入、输出波形,可作出电路的时间图,如图 5.32 所示。

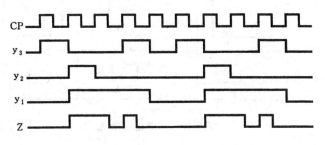

图 5.32 时间图

④ 求输出函数表达式。

根据时间图,列出电路输出函数真值表,如表 5.27 所示。表中,将无效状态作为无关条件处理。

表 5.27 真值表

CP	y_3	y_2	y_1	Z	CP	y_3	y_2	y_1	Z
0	0	0	0	0	1	0	0	0	0
0	0	0	1	0	1	0	0	1	1
0	0	1	0	d	1	0	1	0	d
0	0	1	1	1	1	0	1	1	1
0	1	0	0	0	1	1	0	0	0
0	1	0	1	0	1	1	0	1	1
0	1	1	0	d	1	1	1	0	d
0	1	1	1	d	1	1	1	1	d

由真值表可写出输出函数表达式为

$$Z(CP, y_3, y_2, y_1) = \sum m(3,9,11,13) + \sum d(2,6,7,10,14,15)$$

用卡诺图化简后,得到输出函数最简表达式为

$$Z = CP \cdot y_1 + y_2$$

⑤ 画出完整的逻辑电路图。

根据给定电路和所得输出函数表达式,画出完善后的逻辑电路,如图 5.33 所示。

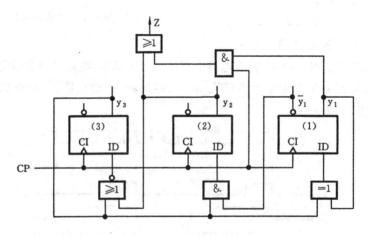

图 5.33 完整逻辑电路

5.3 学习自评

5.3.1 自测练习

一、填空题

1. 时序逻辑电路按其状态改变是否受统一定时信号控制，可分为_____和_____两种类型。

2. 一个同步时序逻辑电路可用_____、_____和_____3组函数表达式描述。

3. Mealy 型时序逻辑电路的输出是_____的函数，Moore 型时序逻辑电路的输出是_____的函数。

4. 化简完全确定原始状态表引用了状态_____的概念，化简不完全确定原始状态表引用了状态_____的概念。

5. 设最简状态表中包含的状态数目为 n，相应电路中的触发器个数为 m，则 m 和 n 应满足关系_____。

6. 一个 Mealy 型 "0011" 序列检测器的最简状态表中包含_____个状态，电路中有_____个触发器。

7. 某同步时序逻辑电路的状态表如表 5.28 所示，若电路初始状态为 A，输入序列 x=010101，则电路产生的输出响应序列为_____。

表 5.28 状态表

现 态	次态/输出	
	x=0	x=1
A	B/0	C/1
B	C/1	B/0
C	A/0	A/1

8. 某同步时序逻辑电路的状态图如图 5.34 所示。假如在初始状态下加入输入序列 00→01→00→10→11 时，所产生的输出响应序列为 0→1→0→0→1，那么，电路的初始状态可确定为_____。

9. 某同步时序逻辑电路的状态图如图 5.35 所示。若电路的初始状态为 A，则在输入序列 11010010 作用下的状态和输出响应序列分别为_____和_____。

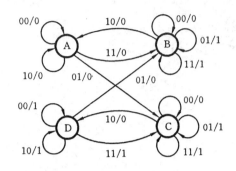

图 5.34 状态图

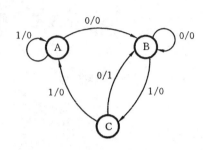

图 5.35 状态图

10. 某同步时序逻辑电路如图5.36所示,设电路现态 $y_2y_1=00$,经过 3 个时钟脉冲作用后,电路的状态为_____。

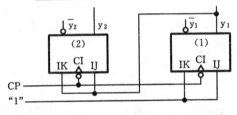

图 5.36 逻辑电路

二、选择题

从下列各题的 4 个备选答案中选出 1 个或多个正确答案,并将其代号写在题中的括号内。

1. 下列触发器中,(　　)可作为同步时序逻辑电路的存储元件。
　　A. 基本 R-S 触发器　　　　　B. D 触发器
　　C. J-K 触发器　　　　　　　D. T 触发器

2. 构造一个模 10 同步计数器,需要(　　)触发器。
　　A. 3 个　　　B. 4 个　　　C. 5 个　　　D. 10 个

3. 根据状态等效对 AB、CD 和 BD,可构成状态等效类(　　)。
　　A. ABD　　　B. ABC　　　C. ABCD　　　D. BCD

4. 实现同一功能的 Mealy 型同步时序电路比 Moore 型同步时序电路所需要的(　　)。
　　A. 状态数目更多　　　　　　B. 状态数目更少
　　C. 触发器更多　　　　　　　D. 触发器一定更少

5. 同步时序电路设计中,状态编码采用相邻编码法的目的是(　　)。
　　A. 减少电路中的触发器　　　B. 提高电路速度
　　C. 提高电路可靠性　　　　　D. 减少电路中的逻辑门

三、判断改错题

判断各题正误,正确的在括号内记"√";错误的在括号内记"×"并改正。

1. 同步时序逻辑电路中的存储元件可以是任意类型的触发器。 ( )

2. 若某同步时序逻辑电路可设计成 Mealy 型或者 Moore 型,则采用 Mealy 型电路比采用 Moore 型电路所需状态数目少。 ( )

3. 实现同一功能的最简 Mealy 型电路比最简 Moore 型电路所需触发器数目一定更少。 ( )

4. 等效状态和相容状态均具有传递性。 ( )

5. 最大等效类是指含状态数目最多的等效类。 ( )

6. 一个不完全确定原始状态表的各最大相容类之间可能存在相同状态。 ( )

7. 一个完全确定原始状态表的各最大等效类之间可能存在相同状态。 ( )

8. 同步时序逻辑电路设计中,状态编码采用相邻编码法是为了消除电路中的竞争。 ( )

9. 根据最简二进制状态表确定输出函数表达式时,与所选触发器的类型无关。 ( )

10. 设计一个同步模 5 计数器,需要 5 个触发器。 ( )

11. 同步时序逻辑电路中的无效状态是由于状态表没有达到最简导致的。 ( )

12. 一个存在无效状态的同步时序逻辑电路是否具有自启动功能,取决于确定激励函数时对无效状态的处理。 ( )

四、分析题

1. 分析图 5.37 所示状态图,指出该电路属于何种模型?实现何功能?相应电路中需要几个触发器?

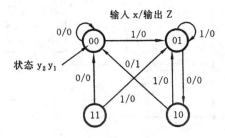

图 5.37 状态图

2. 分析图 5.38 所示逻辑电路,说明该电路功能。

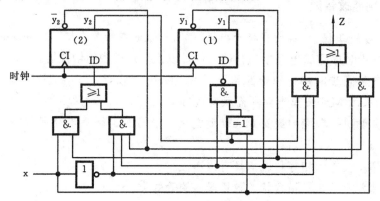

图 5.38 逻辑电路

3. 分析图 5.39 所示逻辑电路。设电路初始状态为"00",输入序列 $x=10011110110$,作出输出响应序列,并说明电路功能。

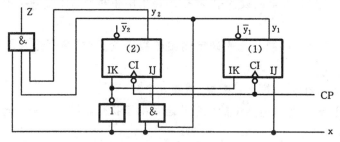

图 5.39 逻辑电路

4. 分析图 5.40 所示逻辑电路,说明该电路功能。

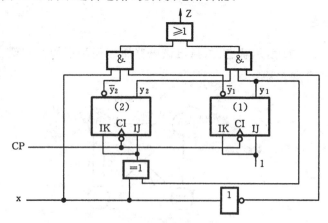

图 5.40 逻辑电路

5. 分析图 5.41 所示逻辑电路，说明电路功能，并评价该设计的合理性。

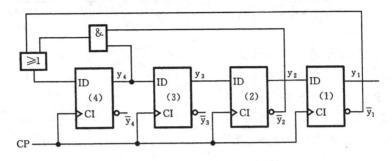

图 5.41　逻辑电路

五、设计题

1. 试作出"0101"序列检测器的最简 Mealy 型状态表和 Moore 型状态表。典型输入、输出序列为

　　　输入　x　1 1 0 1 0 1 0 1 0 0 1 1
　　　输出　Z　0 0 0 0 0 1 0 1 0 0 0 0

2. 设计一个代码检测器，该电路从输入端 x 串行输入余 3 码（先低位后高位），当出现非法数字时，电路输出 Z 为 1，否则 Z 为 0。试作出 Mealy 型原始状态图。

3. 化简表 5.29 所示原始状态表。

表 5.29　原始状态表

现态	次态/输出	
	x=0	x=1
A	B/0	C/0
B	A/0	F/0
C	F/0	G/0
D	A/0	C/0
E	A/0	A/1
F	C/0	E/0
G	A/0	B/1

表 5.30　原始状态表

现态	次态/输出	
	x=0	x=1
A	D/d	C/0
B	A/1	E/d
C	d/d	E/1
D	A/0	C/0
E	B/1	C/d

4. 化简表 5.30 所示原始状态表。

5. 按照相邻法编码原则对表 5.31 所示状态表进行编码，作出二进制状态表。

6. 已知某同步时序逻辑电路的激励函数和输出函数表达式为

$D_2 = \bar{x}y_2 + xy_2\bar{y}_1$

$D_1 = \bar{x}y_2 + y_2\bar{y}_1 + x\bar{y}_2y_1$

$Z = y_2$

表 5.31 状态表

现态	次态/输出	
	x=0	x=1
A	A/0	B/0
B	C/0	B/0
C	D/1	C/0
D	B/1	A/0

其中,x 为外部输入,Z 为外部输出,y_2、y_1 为状态变量,D_2、D_1 为 D 触发器输入。试求出改用 J-K 触发器作为存储元件的最简电路。

7. 用 T 触发器作为存储元件,设计一个模 6 计数器,该计数器的状态转移关系如下:

$$000 \to 001 \to 011 \to 111 \to 110 \to 100$$
（箭头从 100 回到 000）

8. 用 D 触发器作为存储元件,设计一个可控计数器。该电路有两个控制输入 x_2 和 x_1,其计数规律为

$x_2x_1=00$:实现模 3 加法计数功能

$x_2x_1=01$:实现模 3 减法计数功能

$x_2x_1=10$:实现模 4 加法计数功能

$x_2x_1=11$:实现模 4 减法计数功能

5.3.2 自测练习解答

一、填空题

1. 时序逻辑电路按其状态改变是否受统一定时信号控制,可分为<u>同步时序逻辑电路</u>和<u>异步时序逻辑电路</u>两种类型。

2. 一个同步时序逻辑电路可用<u>输出函数表达式</u>、<u>激励函数表达式</u>和<u>次态函数表达式</u> 3 组函数表达式描述。

3. Mealy 型时序逻辑电路的输出是<u>输入和状态变量</u>的函数,Moore 型时序逻辑电路的输出是<u>状态变量</u>的函数。

4. 化简完全确定原始状态表引用了状态<u>等效</u>的概念,化简不完全确定原始状态表引用了状态<u>相容</u>的概念。

5. 设最简状态表中包含的状态数目为 n,相应电路中的触发器个数为 m,则 m 和 n 应满足关系 $2^{m-1} < n \leq 2^m$。

6. 一个 Mealy 型"0011"序列检测器的最简状态表中包含 <u>4</u> 个状态,电路中有 <u>2</u> 个触发器。

7. 电路产生的输出响应序列为<u>001100</u>。

8. 电路的初始状态为 C 。
9. 状态和输出响应序列分别为 AABCBBCB 和 00001001。
10. 电路的状态为 $y_2y_1 = 11$。

二、选择题

1. B,C,D   2. B   3. A,B,C,D   4. B   5. D

三、判断改错题

1. ×　同步时序逻辑电路中的存储元件只能是带时钟控制端的触发器。
2. √
3. ×　实现同一功能的 Mealy 型电路比 Moore 型电路所需触发器数目可能更少。
4. ×　等效状态具有传递性,相容状态不具备传递性。
5. ×　最大等效类是指不被任何更大的等效类所包含的等效类。
6. √
7. ×　一个完全确定原始状态表的各最大等效类之间不可能存在相同状态。
8. ×　采用相邻编码法是为了使激励函数和输出函数更简单。
9. √
10. ×　设计一个模 5 计数器需要 3 个触发器。
11. ×　同步时序逻辑电路中的无效状态是由于电路中触发器的状态组合数多于最简状态表中的状态数而导致的。
12. √

四、分析题

1. Mealy 型,"100" 序列检测器,需要两个触发器。
2. 输出函数和激励函数表达式为

$$D_2 = x\bar{y}_1 + \bar{x}\bar{y}_2 y_1$$
$$D_1 = \overline{y_1(x \oplus y_2)}$$
$$Z = x\bar{y}_2\bar{y}_1 + \bar{x}y_2 y_1$$

状态图如图 5.42 所示,由状态图可知,该电路是一个三进制可逆计数器,当 x=0 时实现加 1 计数;当 x=1 时实现减 1 计数。

3. 输出函数和激励函数为

$$Z = xy_2 y_1 \quad J_2 = xy_1, K_2 = \bar{x} \quad J_1 = x, K_1 = \bar{x}$$

状态图如图 5.43 所示。输出对输入的响应序列为

```
x 1 0 0 1 1 1 1 0 1 1 0
Z 0 0 0 0 0 1 1 0 0 0 0
```

由状态图和输入、输出序列可知,该电路为"111…"序列检测器,当连续输入 3 个或 3 个以上 1 时,输出为 1。

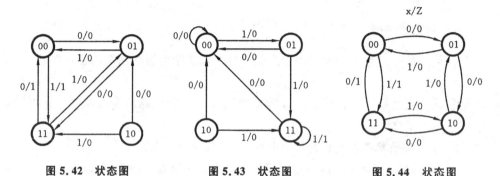

图 5.42 状态图   图 5.43 状态图   图 5.44 状态图

4. 输出函数和激励函数表达式为

$$Z = x\bar{y}_2\bar{y}_1 + \bar{x}y_2y_1 \qquad J_2 = K_2 = x \oplus y_1 \qquad J_1 = K_1 = 1$$

状态图如图 5.44 所示。由图可知,该电路是一个模 4 可逆计数器,当 x=0 时,实现两位二进制加 1 计数,输出为进位信号;当 x=1 时,实现两位二进制减 1 计数,输出为借位信号。

5. 激励函数表达式为

$$D_4 = y_4\bar{y}_2 + y_1, D_3 = y_4, D_2 = y_3, D_1 = y_2$$

该电路在时钟作用下的状态转移关系为

```
   ┌→0101 →0010 →1001   1101←┐
   │                      ↓    ↓   │
  1011  0000→1000→1100→1110  1010
         ↑    ↑                ↓    ↑
        0110 0001←0011←0111←1111  0100
```

由状态转移关系可知,该电路实现模 8 计数器的功能,电路中含有 8 个无效状态。显然,该设计是不合理的,实现模 8 计数器功能只需 3 个触发器。

四、设计题

1. Mealy 型状态表如表 5.32 所示,Moore 型状态表如表 5.33 所示。

表 5.32 Mealy 型状态表

现 态	次态/输出 Z	
	x=0	x=1
A	B/0	A/0
B	B/0	C/0
C	D/0	A/0
D	B/0	C/1

表 5.33 Moore 型状态表

现 态	次 态		输 出 Z
	x=0	x=1	
A	B	A	0
B	B	C	0
C	D	A	0
D	B	E	0
E	D	A	1

2. Mealy 型原始状态图如图 5.45 所示。

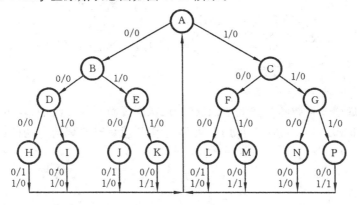

图 5.45 原始状态图

3. 最大等效类为{A,B,D},{C,F},{E,G}。令{A,B,D}用 a 表示,{C,F}用 b 表示,{E,G}用 C 表示,可得最简状态表,如表 5.34 所示。

表 5.34 最简状态表

现 态	次态/输出	
	x=0	x=1
a	a/0	b/0
b	b/0	c/0
c	a/0	a/1

表 5.35 最简状态表

现 态	次态/输出	
	x=0	x=1
a	b/1	c/0
b	b/0	c/0
c	a/1	c/1

4. 最小闭覆盖为相容类集合:{A,B},{A,D},{B,C,E}。令{A,B}用 a 表示,{A,D}用 b 表示,{B,C,E}用 c 表示,可得到最简状态表,如表 5.35 所示。

5. 根据相邻编码法应满足 AB 相邻,BC 相邻,CD 相邻。设状态变量为 y_2y_1,令 y_2y_1 取值 00 表示 A,01 表示 B,10 表示 D,11 表示 C,可得编码后的状态表,如表 5.36 所示。

6. 根据给定的激励函数和输出函数表达式,可作出状态表,如表 5.37 所示。

表 5.36 状态表

现态		次态 $y_2^{n+1} y_1^{n+1}$/输出	
y_2	y_1	x=0	x=1
0	0	0 0/0	0 1/0
0	1	1 1/0	0 1/0
1	1	1 0/1	1 1/0
1	0	0 1/1	0 0/0

表 5.37 状态表

现态		次态 $y_2^{n+1} y_1^{n+1}$		输出
y_2	y_1	x=0	x=1	Z
0	0	0 0	0 0	0
0	1	0 0	0 1	0
1	1	1 1	0 0	1
1	0	1 1	1 1	1

改用 J-K 触发器实现表 5.37 所示状态表的功能时,激励函数和输出函数表达式如下:

$$J_2 = 0 \qquad K_2 = xy_1$$
$$J_1 = y_2 \qquad K_1 = \overline{x \oplus y_2} = x \oplus \overline{y_2}$$
$$Z = y_2$$

逻辑电路图略。

7. 构成模 6 计数器需要 3 个触发器,设状态变量用 y_3、y_2、y_1 表示,并将无效状态 010 和 101 作为无关条件处理,可得到用 T 触发器实现给定功能的激励函数表达式如下:

$$T_3 = y_3 \oplus y_2$$
$$T_2 = y_2 \oplus y_1$$
$$T_1 = \overline{y_3 \oplus y_1} = y_3 \oplus \overline{y_1}$$

逻辑电路图略。

8. 根据给定要求,可作出状态图,如图 5.46 所示。

由状态图知,实现给定功能需要两个 D 触发器,设状态变量为 y_2、y_1,可求出激励函数为

$$D_2 = x_1 \overline{y_2} \overline{y_1} + \overline{x_1} \overline{y_2} y_1 + x_1 y_2 y_1 + x_2 \overline{x_1} y_2 \overline{y_1}$$
$$D_1 = x_2 \overline{y_1} + \overline{x_1} \overline{y_2} y_1 + x_1 y_2 \overline{y_1}$$

逻辑电路图略。

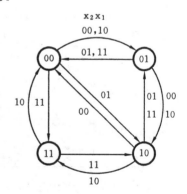

图 5.46 状态图

第 6 章

异步时序逻辑电路

知识要点

- 异步时序逻辑电路的特点与类型
- 脉冲异步时序逻辑电路的分析与设计
- 电平异步时序逻辑电路的分析与设计

6.1 重点与难点

6.1.1 特点与类型

1. 特点

① 电路工作不受统一时钟脉冲信号控制,输入信号的变化将直接引起电路状态的变化。

② 电路的记忆功能可以由各种类型的触发器实现,也可以由延时加反馈回路实现。

2. 类型

根据电路结构和输入信号形式的不同,异步时序逻辑电路可分为**脉冲异步时序逻辑电路**和**电平异步时序逻辑电路**两种类型。两类电路均有 Mealy 型和 Moore 型两种结构模型。

6.1.2 脉冲异步时序逻辑电路

1. 组成

脉冲异步时序逻辑电路的结构如图 6.1 所示。图中的存储电路可由时钟控制触发器或非时钟控制触发器组成。

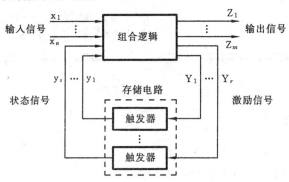

图 6.1 脉冲异步时序逻辑电路的结构框图

2. 输入信号的形式与约束

① 输入信号是脉冲信号；
② 输入脉冲的宽度必须保证触发器可靠翻转；
③ 输入脉冲的间隔必须保证在前一个脉冲引起的响应完全结束后,后一个脉冲才能到来；
④ 不允许两个或两个以上输入端同时出现脉冲。

3. 输出信号的形式

脉冲异步时序逻辑电路的输出信号可以是脉冲信号也可以是电平信号。若电路结构为 Mealy 模型,则输出为脉冲信号;若电路结构为 Moore 模型,则输出为电平信号。

4. 电路分析

脉冲异步时序逻辑电路分析的方法和步骤与同步时序逻辑电路基本相同,在具体处理上有如下两点主要区别：
① 由于电路中无统一的时钟控制信号,所以当存储元件采用时钟控制触发器时,应将触发器的时钟端作为激励函数考虑;

② 由于电路不允许两个或两个以上输入端同时出现脉冲(假定用输入变量取值 1 表示有脉冲出现,即不允许两个或两个以上输入同时为 1),并且当输入端无脉冲出现时,电路状态不会发生变化,所以对于 n 个输入信号只需考虑各自单独出现脉冲的 n 种情况。

5. 电路设计

脉冲异步时序逻辑电路的设计方法同样与同步时序逻辑电路基本相同,设计过程中主要注意如下几点:

① 当采用时钟控制触发器作为存储元件时,由于触发器的时钟端被作为激励函数处理,从而使激励函数的确定变得更加灵活。通常根据状态转移要求,恰当地对触发器时钟端和输入端进行处理,有利于激励函数的化简。

② 由于电路不允许两个或两个以上输入同时为 1(用 1 表示有脉冲出现),所以,在形成原始状态图和原始状态表时,对于 n 个输入,只需考虑 n 种输入取值下的状态转移关系;在确定激励函数时,对两个或两个以上输入为 1 的情况,可作为无关条件处理。

③ 当输入端无脉冲出现时,应保证电路状态不变。

6.1.3 电平异步时序逻辑电路

1. 组成

电平异步时序逻辑电路的结构框图如图 6.2 所示。它由逻辑门电路加反馈回路组成,利用反馈回路中的时延实现记忆功能。

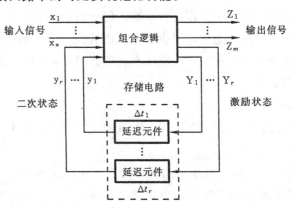

图 6.2 电平异步时序逻辑电路的结构框图

2. 特点

① 电路状态的改变是由输入信号电位的变化直接引起的。

② 电路的二次状态和激励状态仅仅相差一个时间延迟,即二次状态是**激励状态延时后的再现**。

③ 输入信号的一次变化可能引起二次状态多次变化。

④ 电路工作过程中存在**稳态**和**非稳态**。若激励状态 Y 与二次状态 y 相同,则电路处于稳定状态;若激励状态 Y 与二次状态 y 不同,则电路处于非稳定状态。非稳定状态出现在从一个稳定状态转移到另一个稳定状态的过渡过程中,属于暂态现象。

3. 输入信号形式与约束

① 电平异步时序逻辑电路的输入信号为电平信号。值得指出的是,它并不排斥输入端出现脉冲信号。广义地说,可以把脉冲信号当作是电平信号的一种特殊形式。

② 当电路有多个输入端时,不允许两个或两个以上输入信号同时发生变化。

③ 仅当电路处于稳定状态时,才允许输入信号发生变化。

4. 描述工具——流程表和总态图

(1) 流程表

流程表是一种按照卡诺图的排列格式,反映电路输出信号、激励状态与电路输入信号、二次状态之间关系的一种表格。在流程表的上方,按照代码相邻关系依次标出一位输入的所有取值组合,用以表示输入信号的变化只能在水平方向作相邻块之间的移动;在表格的左边依次列出所有二次状态。为了清晰地反映电路的稳态和非稳态,当表中激励状态与对应的二次状态相同时,将激励状态加圈,以表示是稳态,否则为非稳态。

(2) 总态图

总态是指电路输入和二次状态的组合,记作(x,y)。流程表中每一行和每一列的交叉点代表一个总态。

总态图是反映电路稳定总态之间转移关系及相应输出的一种有向图。一个电平异步时序逻辑电路的功能是由该电路在输入信号作用下,稳定状态之间的转移关系及各时刻的输出来体现的。总态图能够清晰地描述一个电路的逻辑功能。

5. 电路分析

电平异步时序逻辑电路分析的一般步骤如图 6.3 所示。

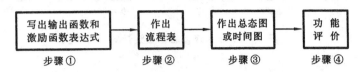

图 6.3 电平异步时序逻辑电路分析的一般步骤

6. 反馈回路间的竞争

(1) 竞争

由于电平异步时序逻辑电路各反馈回路的延迟时间长短往往各不相同,因此,当电路在状态转移过程中要求两个或两个以上状态同时改变时,会使状态的变化有先有后,这种现象称为反馈回路间的竞争。因为电平异步时序逻辑电路是靠反馈回路中的时间延迟实现记忆功能的,所以,竞争的存在关系到电路是否能够正确实现预定逻辑功能的问题。

(2) 竞争的类型

非临界竞争　若竞争的结果不会导致错误的状态转移,即不影响逻辑功能的实现,则称为非临界竞争。

临界竞争　若竞争的结果产生错误的状态转移,破坏正常逻辑功能,则称为临界竞争。

(3) 竞争的判断

根据描述电路工作的流程表可以判断电路中是否存在竞争以及竞争的类型。

当处在稳态下输入发生允许变化时,若引起两个或两个以上状态同时改变,则反馈回路之间会发生竞争。若竞争结果可能到达不同稳定状态,则为临界竞争;若竞争的结果最终能到达同一个所要求的稳态,则为非临界竞争。

(4) 消除临界竞争的方法

通过设计过程中的状态编码解决。

7. 电路设计

电平异步时序逻辑电路设计的一般步骤如图 6.4 所示。

① 建立原始流程表。

原始流程表是对设计要求最原始的抽象。为了将文字描述的设计要求过渡到流程表形式,首先应根据题意画出典型输入、输出时间图或原始总态图,然后以此为依据逐步形成原始流程表。

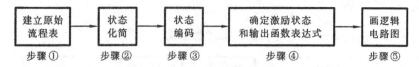

图 6.4 电平异步时序逻辑电路设计的一般步骤

② 状态化简。

电平异步时序逻辑电路中反馈回路的数目取决于状态数目的多少。为了简化电路结构，必须通过状态化简消去原始流程表中的多余状态，求出最简流程表。根据原始流程表的特点，状态化简时在相容状态的基础上引入了相容行类、最大相容行类等概念。化简的方法与步骤和不完全确定原始状态表的化简类似。

③ 状态编码。

进行状态编码时，首先根据最简流程表中的状态数目确定二进制代码位数（即反馈回路的数目），然后再确定状态分配方案。在电平异步时序逻辑电路中，选择分配方案时应考虑的关键问题是，如何避免临界竞争，确保电路可靠地工作。常用的方法有：相邻状态相邻分配法、增加过渡状态实现相邻分配法、修改流程表实现相邻分配法，以及允许非临界竞争、避免临界竞争等。

④ 确定激励状态和输出函数表达式。

由于编码后的二进制流程表直接给出了激励状态、输出函数与输入信号和二次状态之间的取值关系，所以，根据流程表可直接画出激励状态、输出函数的卡诺图，化简后即可得到激励状态和输出函数的最简表达式。

⑤ 画逻辑电路图。

根据激励状态和输出函数的最简表达式，选择合适的逻辑门画出实现给定功能的逻辑电路图。

6.2 例题精选

例 6-1 分析图 6.5 所示时序逻辑电路，要求：

(1) 指出该电路属于同步时序电路还是异步时序电路？属于 Mealy 型电路还是 Moore 型电路？

(2) 作出该电路的状态图和时间图，说明该电路功能。

解 图 6.5 所示逻辑电路由 3 个 J-K 触发器和 1 个与门构成，现根据题目要求做以下分析。

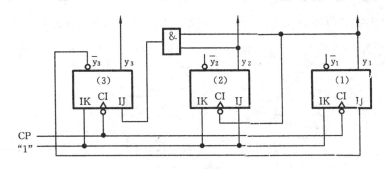

图 6.5 逻辑电路

(1) 由于电路中 3 个时钟控制触发器的时钟端有两个与 CP 相连,而另一个与 y_1 相连,故 3 个触发器不受统一时钟控制,该电路的输出即为触发器状态,所以,该电路属于 Moore 型脉冲异步时序逻辑电路。

(2) 为了评价电路功能,可按照脉冲异步时序逻辑电路分析的方法和步骤,对该电路作进一步分析。

① 写出激励函数表达式。

$$J_3 = y_2 y_1 \quad K_3 = 1 \quad C_3 = CP$$
$$J_2 = 1 \quad K_2 = 1 \quad C_2 = y_1$$
$$J_1 = \bar{y}_3 \quad K_1 = 1 \quad C_1 = CP$$

② 列出电路次态真值表。

根据激励函数表达式,可作出电路的次态真值表,如表 6.1 所示。

表 6.1 次态真值表

输入	现态			激励函数									次态		
CP	y_3	y_2	y_1	J_3	K_3	C_3	J_2	K_2	C_2	J_1	K_1	C_1	y_3^{n+1}	y_2^{n+1}	y_1^{n+1}
1	0	0	0	0	1	↓	1	1		1	1	↓	0	0	1
1	0	0	1	0	1	↓	1	1	↓	1	1	↓	0	1	0
1	0	1	0	0	1	↓	1	1		1	1	↓	0	1	1
1	0	1	1	1	1	↓	1	1	↓	1	1	↓	1	0	0
1	1	0	0	0	1	↓	1	1		0	1	↓	0	0	0
1	1	0	1	0	1	↓	1	1	↓	0	1	↓	0	1	0
1	1	1	0	0	1	↓	1	1		0	1	↓	0	1	0
1	1	1	1	1	1	↓	1	1	↓	0	1	↓	0	0	0

作次态真值表时**注意**,由于状态 y_2 对应的触发器时钟端与 y_1 相连,而且图中所示 J-K 触发仅当时钟端信号产生负跳变时才能发生翻转,因此,仅当 y_1 从 1 变为 0 时,y_2 才能发生状态转移。

③ 作出状态图和时间图。

根据次态真值表,作出状态图和时间图分别如图 6.6(a)、(b)所示。

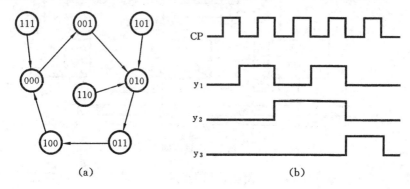

图 6.6　状态图和时间图

④ 功能说明。

由状态图和时间图可知,该电路是一个脉冲异步模 5 加 1 计数器,且具有自启动功能。

例 6-2　分析图 6.7 所示脉冲异步时序逻辑电路,说明该电路功能。

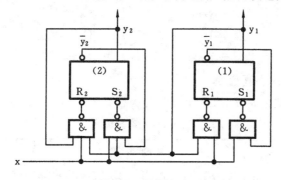

图 6.7　逻辑电路

解　图 6.7 所示电路的存储电路是两个由与非门构成的基本 R-S 触发器,由 4 个与非门产生激励函数。电路在输入脉冲作用下发生状态转移,电路输出即状态,属于 Moore 型电路。

① 写出激励函数表达式:

$$R_2 = \overline{xy_2 y_1} \qquad S_2 = \overline{x\,\overline{y_2}\,y_1}$$

$$R_1 = \overline{xy_1} \qquad S_1 = \overline{x\,\overline{y_1}}$$

② 列出电路的次态真值表。

根据激励函数表达式和 R-S 触发器的功能表,列出电路的次态真值表如表 6.2 所示。表中 x=1 表示输入端有脉冲出现,考虑到无脉冲输入时电路状态不变,表中未列 x 为 0 的情况。

表 6.2 次态真值表

输入	现态		激励函数				次态	
x	y_2	y_1	R_2	S_2	R_1	S_1	y_2^{n+1}	y_1^{n+1}
1	0	0	1	1	1	0	0	1
1	0	1	1	0	0	1	1	0
1	1	0	1	1	1	0	1	1
1	1	1	0	1	0	1	0	0

③ 作出状态表和状态图。

根据次态真值表可作出状态表，如表 6.3 所示；状态图如图 6.8 所示。

表 6.3 状态表

现态		次态 $y_2^{n+1} y_1^{n+1}$	
y_2	y_1	x=0	x=1
0	0	0 0	0 1
0	1	0 1	1 0
1	0	1 0	1 1
1	1	1 1	0 0

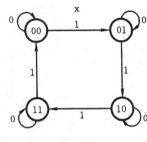

图 6.8 状态图

④ 功能说明。

由状态图可知，该电路是一个对输入脉冲进行计数的模 4 加 1 计数器。

例 6-3 用 T 触发器作为存储元件设计一个脉冲异步时序逻辑电路，该电路有两个输入 x_1 和 x_2，一个输出 Z，当输入序列为 "x_1—x_1—x_2" 时，在输出端 Z 产生一个脉冲，平时 Z 输出为 0。

解 由题意可知，该电路有两个输入，一个输出。由于要求输出为脉冲信号，所以应将电路设计成 Mealy 模型。

① 建立原始状态图和原始状态表。

设电路初始状态为 A，根据题意可作出原始状态图如图 6.9 所示，原始状态表如表 6.4 所示。

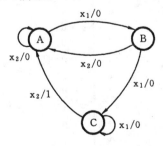

图 6.9 原始状态图

表 6.4 原始状态表

现态	次态/输出 Z	
	$x_2=1$	$x_1=1$
A	A/0	B/0
B	A/0	C/0
C	A/1	C/0

② 状态化简。

表 6.4 所示状态表已为最简状态表。

③ 状态编码。

由于最简状态表中有 3 个状态，故需用两位二进制代码表示。设状态变量为 y_2、y_1，根据相邻编码法原则，可令 $y_2 y_1 = 00$ 表示状态 A，$y_2 y_1 = 01$ 表示状态 B，$y_2 y_1 = 11$ 表示状态 C，由此得到二进制状态表，如表 6.5 所示。

表 6.5 二进制状态表

现态		次态 $y_2^{n+1} y_1^{n+1}$/输出 Z	
y_2	y_1	$x_2 = 1$	$x_1 = 1$
0	0	00/0	01/0
0	1	00/0	11/0
1	1	00/1	11/0

表 6.6 T 触发器激励表

Q	Q^{n+1}	CP	T
0	0	0	d
		d	0
0	1	1	1
1	0	1	1
1	1	0	d
		d	0

④ 确定激励函数和输出函数。

确定激励函数和输出函数时应注意：第一，对于多余状态 $y_2 y_1 = 10$ 以及不允许输入 $x_2 x_1 = 11$ 两种情况，可作为无关条件处理；第二，当输入 $x_2 x_1 = 00$ 时，电路状态保持不变；第三，由于触发器时钟信号作为激励函数处理，所以 T 触发器的激励表如表 6.6 所示。

根据上述 3 条，并假定次态与现态相同时，触发器时钟信号为 0，T 端为 d，可列出激励函数和输出函数真值表，如表 6.7 所示。

表 6.7 真值表

输 入		现 态		激 励 函 数				输 出
x_2	x_1	y_2	y_1	C_2	T_2	C_1	T_1	Z
0	0	0	0	0	d	0	d	0
0	0	0	1	0	d	0	d	0
0	0	1	0	d	d	d	d	d
0	0	1	1	0	d	0	d	0
0	1	0	0	0	d	1	1	0
0	1	0	1	1	1	0	d	0
0	1	1	0	d	d	d	d	d
0	1	1	1	0	d	0	d	0
1	0	0	0	0	d	0	d	0
1	0	0	1	0	d	1	1	0
1	0	1	0	d	d	d	d	d
1	0	1	1	1	1	1	1	1
1	1	0	0	d	d	d	d	d
1	1	0	1	d	d	d	d	d
1	1	1	0	d	d	d	d	d
1	1	1	1	d	d	d	d	d

根据真值表画出激励函数和输出函数卡诺图(略),化简后可得

$$C_2 = x_2 y_2 + x_1 \overline{y}_2 y_1 \qquad T_2 = 1$$
$$C_1 = x_2 y_1 + x_1 \overline{y}_1 \qquad T_1 = 1$$
$$Z = x_2 y_2 y_1$$

⑤ 画出逻辑电路图。

根据激励函数和输出函数表达式,可画出实现给定功能的逻辑电路,如图6.10所示。该电路存在无效状态10,但不会产生挂起现象,即具有自启动功能(分析过程略)。

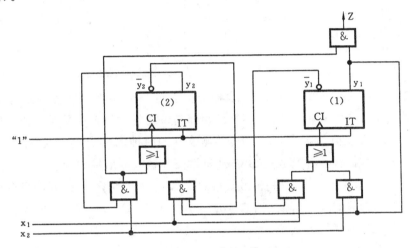

图 6.10 逻辑电路

例 6-4 用 D 触发器作为存储元件,设计一个脉冲异步 3 位二进制可逆计数器。该电路有一个信号输入端 x 和一个控制输入端 s,x 端串行随机输入脉冲信号,s 端为控制电平。当 s=0 时,电路在输入脉冲作用下作加 1 计数;当 s=1 时,电路在输入脉冲作用下作减 1 计数。

解 根据设计要求可知,该电路中有 3 个状态变量(对应 3 个触发器),两个输入变量。如果采用常规方法进行设计,则除图、表复杂外,激励函数化简将十分困难(需要化简 6 个 5 变量函数)。为了简化设计过程,可通过对问题逐步分析,找出规律后直接写出激励函数表达式,然后画出逻辑电路。

① 3 位二进制加 1 计数器。

设 3 位二进制加 1 计数器中,各触发器对应的状态变量从高位到低位依次为 y_3、y_2、y_1,可作出状态转移表如表 6.8 所示。

分析表 6.8,不难发现如下规律。

● 只要输入端 x 有脉冲出现,最低位触发器的状态 y_1 便发生变化,即每来一

个输入脉冲,触发器产生一次翻转。因此,可令该触发器时钟端信号 $C_1=x$,输入端信号 $D_1=\bar{y}_1$。

表 6.8　3 位二进制加 1 计数器的状态转移表

输入	现态			次态		
x	y_3	y_2	y_1	y_3^{n+1}	y_2^{n+1}	y_1^{n+1}
1	0	0	0	0	0	1
1	0	0	1	0	1	0
1	0	1	0	0	1	1
1	0	1	1	1	0	0
1	1	0	0	1	0	1
1	1	0	1	1	1	0
1	1	1	0	1	1	1
1	1	1	1	0	0	0

● 在 y_1 由 1 变为 0 时,次低位触发器的状态 y_2 发生变化。即 y_1 原来为 1,在做加 1 计数由 1 变为 0 并产生进位时,使相邻高位的触发器产生翻转。假定所采用的 D 触发器是上升沿触发方式,可令该触发器的时钟端信号 $C_2=\bar{y}_1$(因为当 y_1 发生由 1→0 的跳变时,$\bar{y}_1$ 将发生由 0→1 的跳变),输入端信号 $D_2=\bar{y}_2$。

● 在 y_2 由 1 变为 0 时,最高位触发器的状态 y_3 发生变化。类似地,可令该触发器的时钟端信号 $C_3=\bar{y}_2$,输入端信号 $D_3=\bar{y}_3$。

② 3 位二进制减 1 计数器。

3 位二进制减 1 计数器的状态转移表如表 6.9 所示。

表 6.9　3 位二进制减 1 计数器的状态转移表

输入	现态			次态		
x	y_3	y_2	y_1	y_3^{n+1}	y_2^{n+1}	y_1^{n+1}
1	0	0	0	1	1	1
1	0	0	1	0	0	0
1	0	1	0	0	0	1
1	0	1	1	0	1	0
1	1	0	0	0	1	1
1	1	0	1	1	0	0
1	1	1	0	1	0	1
1	1	1	1	1	1	0

分析表 6.9 所示状态转移关系,可发现如下规律:

● 只要输入端 x 有脉冲出现,最低位触发器的状态 y_1 便发生变化,即每来一个输入脉冲,触发器产生一次翻转。因此,可令该触发器时钟端信号 $C_1=x$,输入端信号 $D_1=\bar{y}_1$。

- 在 y_1 由 0 变为 1 时,次低位触发器的状态 y_2 发生变化,即 y_1 发生一次 $0 \to 1$ 的跳变,触发器产生一次翻转。因此,可令该触发器的时钟端信号 $C_2 = y_1$,输入端信号 $D_2 = \bar{y}_2$。

- 在 y_2 由 0 变为 1 时,最高位触发器的状态 y_3 发生变化,即 y_2 发生一次 $0 \to 1$ 的跳变,触发器产生一次翻转。因此,可令该触发器的时钟端信号 $C_3 = y_2$,输入端信号 $D_3 = \bar{y}_3$。

③ 3 位二进制可逆计数器。

由题意可知,3 位二进制可逆计数器在控制输入端 s=0 时,实现加 1 计数;在 s=1 时实现减 1 计数。综合上述①、②的分析结果,可得到该可逆计数器的激励函数表达式为

$$C_1 = x \qquad\qquad D_1 = \bar{y}_1$$
$$C_2 = \bar{s}\,\bar{y}_1 + sy_1 = s \oplus \bar{y}_1 \qquad D_2 = \bar{y}_2$$
$$C_3 = \bar{s}\,\bar{y}_2 + sy_2 = s \oplus \bar{y}_2 \qquad D_3 = \bar{y}_3$$

根据所得激励函数表达式,可画出 3 位二进制可逆计数器的逻辑电路,如图 6.11 所示。

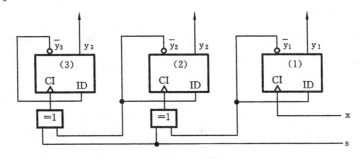

图 6.11 逻辑电路

以上设计思想,可以推广到 n 位计数器的设计。

例 6-5 分析图 6.12(a)所示电平异步时序逻辑电路。假定输入序列 $x_2 x_1$ 为

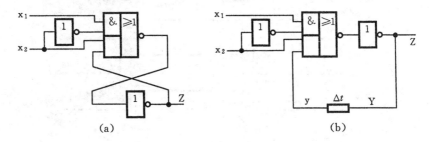

图 6.12 逻辑电路

10→11→01→11→10→00→10,作出电路工作的时间图,并说明该电路功能。

解 图 6.12(a)所示电路是由一个与或非门和两个反相器组成的。为了分析方便,可首先将其画成图 6.12(b)所示延时反馈结构形式,然后按照电平异步时序逻辑电路分析的方法和步骤作如下分析。

① 写出输出函数和激励函数表达式。

该电平异步时序逻辑电路中,输出函数与激励函数相同,即

$$Z = Y = \bar{x}_2 x_1 + x_2 y$$

② 作出流程表。

根据激励函数表达式,可作出该电路的流程表如表 6.10 所示。

表 6.10 流程表

二次状态 y	激励状态 Y/输出 Z			
	$x_2 x_1 = 00$	$x_2 x_1 = 01$	$x_2 x_1 = 11$	$x_2 x_1 = 10$
0	⓪/0	1/1	⓪/0	⓪/0
1	0/0	①/1	①/1	①/1

③ 作出时间图。

假定电路初始总态为(10,0),根据流程表可作出电路对应于给定输入序列的总态和输出响应序列为

时刻 t	t_0	t_1	t_2	t_3	t_4	t_5	t_6
输入 $x_2 x_1$	10	11	01	11	10	00	10
总 态 ($x_2 x_1, y$)	(10,0)	(11,0)	(01,0) (01,1)	(11,1)	(10,1)	(00,1) (00,0)	(10,0)
输出 Z	0	0	1	1	1	0	0

根据总态和输出响应序列可作出时间图如图 6.13 所示。

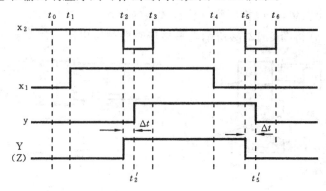

图 6.13 时间图

④ 功能说明。

由时间图可知,该电路是一个数据暂存器,x_2 为时钟端,x_1 为数据输入端,Z 为数据输出端。当 x_2 为 1 时,暂存器处于维持状态;当 x_2 由 1 跳变为 0 时,暂存器处于接收状态。在接收状态下,若 x_1 为 1,则暂存器状态为 1,输出 1;若 x_1 为 0,则暂存器状态为 0,输出 0。

例 6-6 分析图 6.14 所示电平异步时序逻辑电路,根据给定输入波形作出时间图,说明该电路功能。

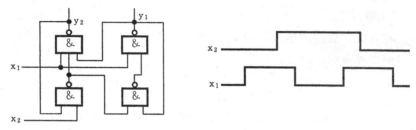

图 6.14 逻辑电路和输入波形

解 该电路有两个输入 x_2 和 x_1,没有单独的输出函数,y_2 和 y_1 即输出,其延时反馈结构形式如图 6.15 所示。

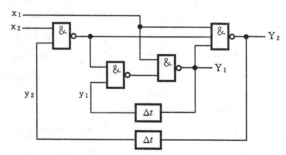

图 6.15 延时反馈结构

① 写出激励函数表达式如下:

$$Y_1 = \overline{\overline{x_2 y_2} \cdot y_1 \cdot x_1} = \overline{x_1} + \overline{x_2} y_2 + \overline{y_2} y_1$$

$$Y_2 = \overline{x_1 \cdot \overline{x_2 y_2} \cdot \overline{x_2 y_2} \cdot y_1 \cdot x_1} = \overline{x_1} + x_2 y_2 + \overline{y_1}$$

② 作出流程表。

根据激励函数表达式,可作出该电路的流程表,如表 6.11 所示。

由流程表可知,二次状态 $y_2 y_1 = 00$ 这一行无稳定状态,且无论输入和二次状态怎样变化,激励状态均不会出现 00。因此,状态 00 为多余状态,即电路仅在三种稳定状态之间发生转换。

表 6.11 二进制流程表

二次状态		激励状态 $Y_2 Y_1$			
y_2	y_1	$x_2 x_1 = 00$	$x_2 x_1 = 01$	$x_2 x_1 = 11$	$x_2 x_1 = 10$
0	0	11	10	10	11
0	1	11	⓪①	⓪①	11
1	1	①①	01	10	①①
1	0	11	①⓪	①⓪	11

③ 作出时间图。

给定输入波形对应的输入序列 $x_2 x_1$ 为 00→01→11→10→11→01→00,根据流程表可列出总态响应序列为

时刻 t	t_0	t_1	t_2	t_3	t_4	t_5	t_6
输入 $x_2 x_1$	00	01	11	10	11	01	00
总 态	(00,11)	(01,11)	(11,01)	(10,01)	(11,11)	(01,10)	(00,10)
$(x_2 x_1, y_2 y_1)$		(01,01)		(10,11)	(11,10)		(00,11)

根据总态响应序列,可作出电路工作时间图,如图 6.16 所示。

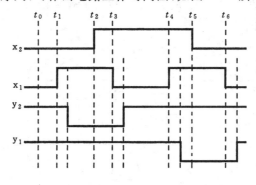

图 6.16 时间图

④ 功能说明。

由时间图可以看出,该电路可作为 D 触发器的维持阻塞电路。图中,x_1 为时钟端,x_2 为数据输入端。当 x_1 端的正脉冲上跳时,若 x_2 为 0,则将该正脉冲反相后从 y_2 输出;若 x_2 为 1,则将该正脉冲反相后从 y_1 输出。在 x_1 端出现正脉冲期间,x_2 的变化不影响 y_2 和 y_1 的负脉冲输出。

该电路的功能还可用图 6.17 所示的总态图描述。从总态图可以看出,当 x_1 为 0(即时钟端无脉冲出现)时,$y_2 y_1$ 为 11。当 x_1 由 0 跳变到 1 时,若 x_2 为 0,则 $y_2 y_1$ 为 01;若 x_2 为 1,则 $y_2 y_1$ 为 10。当 x_1 为 1(脉冲期间)时,x_2 的变化不影响电路状态的变化。

第 6 章 异步时序逻辑电路

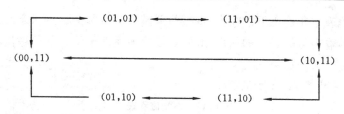

图 6.17 总态图

例 6-7 某电平异步时序逻辑电路有一个输入 x 和一个输出 Z，每当输入 x 出现一次 0→1→0 的跳变后，当 x 为 1 时，输出 Z 为 1。典型输入、输出时间图如图 6.18 所示，请建立该电路的原始流程表。

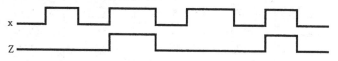

图 6.18 输入、输出时间图

解 对给定输入、输出时间图按输入信号的跳变进行时间划分后，可根据题意设立与各时刻输入、输出对应的稳定状态如图 6.19 所示。

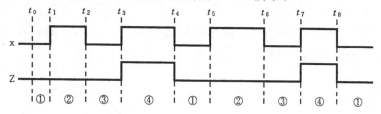

图 6.19 各时刻对应的稳定状态

图中，t_0 时刻输入 x 为 0，输出 Z 为 0，用状态①表示；t_1 时刻，输入 x 由 0 变为 1，输出 Z 为 0，用状态②表示；t_2 时刻，x 由 1 变为 0，输出 Z 为 0，用状态③表示；t_3 时刻，x 由 0 变为 1，属于输入 x 发生一次 0→1→0 的跳变后出现的 1，输出 Z 为 1，用状态④表示。从 t_4 时刻开始，重复上述过程。

根据图 6.19 中所设立的状态及状态之间的转移关系，可构造出实现给定功能的原始流程表，如表 6.12 所示。

表 6.12 原始流程表

二次状态	激励状态/输出 Z	
	x=0	x=1
1	①/0	2/0
2	3/0	②/0
3	③/0	4/d
4	1/d	④/1

填写流程表中非稳态下的输出时注意:若转换前后两个稳定状态的输出相同,则非稳态下的输出与稳态下的输出相同;若转换前后两个稳态下的输出不同,则非稳态下的输出可为任意值"d"。

例 6-8 简化表 6.13 所示原始流程表。

表 6.13 原始流程表

二次状态	激励状态/输出 Z			
	$x_2 x_1 = 00$	$x_2 x_1 = 01$	$x_2 x_1 = 11$	$x_2 x_1 = 10$
1	①/0	5/0	d/d	2/d
2	1/0	d/d	3/d	②/0
3	d/d	5/d	③/1	4/1
4	1/d	d/d	3/1	④/1
5	1/0	⑤/0	6/0	d/d
6	d/d	5/0	⑥/0	4/d

解 化简原始流程表引入了相容行、相容行类、最大相容行类和最小闭覆盖的概念。根据化简的方法和步骤,化简过程如下。

① 作隐含表,找相容行。

根据相容行的判断规则,可作出与表 6.13 对应的隐含表,如图 6.20 所示。由隐含表可得到相容行对为(1,2),(1,5),(3,4),(5,6)。

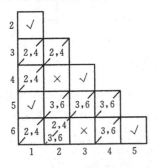

图 6.20 隐含表

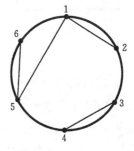

图 6.21 合并图

② 作合并图,求最大相容行类。

根据所得相容行对,可作出合并图,如图 6.21 所示。由合并图可知,本例中的 4 个相容行对即 4 个最大相容行类。

③ 选择一个最小闭覆盖。

由所得到的最大相容行类及原始流程表可知,选择由 3 个最大相容行类构成的集合{(1,2),(3,4),(5,6)},可以满足覆盖、闭合、最小 3 个条件。所以,该集合为原始流程表的最小闭覆盖。

④ 作出最简流程表。

将最小闭覆盖中的相容行类(1,2),(3,4),(5,6)分别用 A、B、C 代替,即可得到最简流程表,如表 6.14 所示。

表 6.14 最简流程表

二次状态	激励状态/输出 Z			
	$x_2 x_1 = 00$	$x_2 x_1 = 01$	$x_2 x_1 = 11$	$x_2 x_1 = 10$
A	Ⓐ/0	C/0	B/d	Ⓐ/0
B	A/d	C/d	Ⓑ/1	Ⓑ/1
C	A/0	Ⓒ/0	Ⓒ/0	B/d

例 6-9 对表 6.15 所示最简流程表进行无临界竞争的状态编码,并确定激励状态和输出函数表达式。

表 6.15 最简流程表

二次状态	激励状态/输出 Z			
	$x_2 x_1 = 00$	$x_2 x_1 = 01$	$x_2 x_1 = 11$	$x_2 x_1 = 10$
A	Ⓐ/0	Ⓐ/0	Ⓐ/0	C/0
B	Ⓑ/0	A/0	C/d	Ⓑ/0
C	B/0	A/d	Ⓒ/1	Ⓒ/0

解 该问题要求首先通过状态编码得到无临界竞争的二进制流程表,然后确定激励状态和输出函数的表达式。

① 状态编码。

由于给定的最简流程表中有 3 个状态,所以状态编码时需要两位二进制代码。根据表 6.15 中的状态转移关系,可作出状态相邻图,如图 6.22 所示。显然,由于 3 个状态的相邻关系构成了一个闭环,所以用两位二进制代码无法满足图 6.22 所示的相邻关系。为此,可通过增加过渡状态,实现相邻分配。

假定在状态 B 和状态 C 之间增加一个过渡状态 D,即令 B→C 变为 B→D→C,C→B 变为 C→D→B,则可得到状态相邻图如图 6.23 所示。显然,用两位二进制

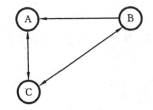

图 6.22 状态相邻图

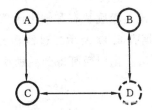

图 6.23 增加过渡状态后的状态相邻图

代码可以很方便地满足图 6.23 所示相邻关系。增加过渡状态后,应将给定流程表修改成表 6.16 所示的流程表。

表 6.16 增加过渡状态后的流程表

二次状态	激励状态/输出 Z			
	$x_2 x_1 = 00$	$x_2 x_1 = 01$	$x_2 x_1 = 11$	$x_2 x_1 = 10$
A	Ⓐ/0	Ⓐ/0	Ⓐ/0	C/0
B	Ⓑ/0	A/0	D/d	Ⓑ/0
C	D/0	A/d	Ⓒ/1	Ⓒ/0
D	B/0	d/d	C/d	d/d

假定二次状态用 $y_2 y_1$ 表示,并令 $y_2 y_1$ 取值 00 表示 A,01 表示 B,10 表示 C,11 表示 D,可得到与表 6.16 对应的二进制流程表如表 6.17 所示,该流程表描述的电路中不存在竞争。

表 6.17 二进制流程表

二次状态		激励状态 $Y_2 Y_1$/输出 Z			
y_2	y_1	$x_2 x_1 = 00$	$x_2 x_1 = 01$	$x_2 x_1 = 11$	$x_2 x_1 = 10$
0	0	⓪⓪/0	⓪⓪/0	⓪⓪/0	10/0
0	1	⓪①/0	00/0	11/d	⓪①/0
1	1	01/0	dd/d	10/d	dd/d
1	0	11/0	00/d	①⓪/1	①⓪/0

除了增加过渡,实现相邻分配外,对表 6.15 进行无临界竞争分配的另一种方案是允许非临界竞争,消除临界竞争。仔细观察表 6.15 可知,状态 B 和 A 之间的转换仅发生在稳定总态(00,B)输入 $x_2 x_1$ 由 00→01 时,而 $x_2 x_1 = 01$ 这一列只有一个稳定状态,这就意味着即使发生竞争也属于非临界竞争,所以分配给 A 和 B 的代码可以不相邻。在图 6.22 所示的状态相邻图中排除 A 和 B 的相邻关系后,状态编码只需满足 A 和 C 相邻,B 和 C 相邻。显然,用两位二进制代码可以很方便地满足该相邻关系,具体编码略。

② 确定激励状态和输出函数表达式。

根据表 6.17 所示二进制流程表,可作出激励状态、输出函数的卡诺图,如图 6.24 所示。化简后可得到激励状态和输出函数表达式为

$$Y_2 = x_2 y_2 + x_2 \overline{x_1} \, \overline{y_1} + x_2 x_1 y_1 + \overline{x_1} y_2 \, \overline{y_1}$$

$$Y_1 = \overline{x_1} y_1 + \overline{x_2} \, \overline{x_1} y_2 + x_2 \, \overline{y_2} y_1$$

$$Z = x_1 y_2$$

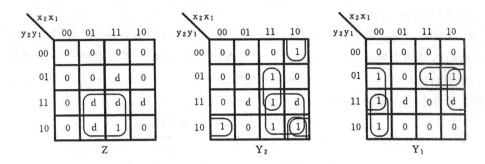

图 6.24 激励状态和输出函数卡诺图

例 6-10 某电平异步时序逻辑电路的结构框图如图 6.25 所示。图中，

$$Y_2 = x_2 y_2 + \overline{x}_1 y_2 + x_2 \overline{x}_1 y_1$$

$$Y_1 = x_2 x_1 + \overline{x}_2 \overline{x}_1 y_2 + x_1 y_2 \overline{y}_1$$

$$Z = y_2 y_1$$

试判断该电路中是否存在竞争？若存在，请指出在什么情况下会发生竞争？属于何种类型的竞争？并提出对电路的修改意见。

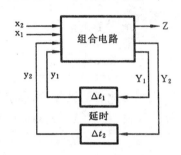

图 6.25 结构框图

解 电平异步时序逻辑电路中是否存在竞争，以及竞争的类型，均可通过流程表进行判断。其步骤如下。

① 作出流程表。

根据给定的激励状态和输出函数表达式，作出该电路的流程表，如表 6.18 所示。

表 6.18 二进制流程表

二次状态		激励状态 $Y_2 Y_1$				输出 Z
y_2	y_1	$x_2 x_1 = 00$	$x_2 x_1 = 01$	$x_2 x_1 = 11$	$x_2 x_1 = 10$	
0	0	⓪⓪	⓪⓪	01	⓪⓪	0
0	1	00	00	⓪①	10	0
1	1	①①	00	①①	10	1
1	0	11	01	11	①⓪	0

② 竞争的判断与说明。

由流程表可知，该电路中存在竞争。当电路处在稳定总态(11,01)，$x_2 x_1$ 由 11→10 时，会发生临界竞争；当电路处在稳定总态(00,11)，$x_2 x_1$ 由 00→01 时，会发生非临界竞争；当电路处在稳定总态(11,11)，$x_2 x_1$ 由 11→01 时，也会发生非临界竞争。

③ 电路的修改。

为了使电路可靠地实现预定功能,必须消除电路中的临界竞争。具体方法是修改状态编码方案后,重新确定激励状态和输出函数表达式。本例中只需将表 6.18 中的状态 10 和 11 互换,即将表中所有的 11→10,所有的 10→11,便可消除电路中的竞争。修改编码方案后的流程表如表 6.19 所示。

表 6.19 修改编码方案后的流程表

二次状态		激励状态 $Y_2 Y_1$				输出 Z
y_2	y_1	$x_2 x_1 = 00$	$x_2 x_1 = 01$	$x_2 x_1 = 11$	$x_2 x_1 = 10$	
0	0	⓪⓪	⓪⓪	01	⓪⓪	0
0	1	00	00	⓪①	11	0
1	1	10	01	10	⑪	0
1	0	⑩	00	⑩	11	1

根据修改后的流程表,可求出激励状态和输出函数的表达式如下:

$$Y_2 = x_2 y_2 + \overline{x}_1 y_2 + x_2 \overline{x}_1 y_1$$

$$Y_1 = x_2 x_1 \overline{y}_2 + x_2 \overline{x}_1 y_1 + x_2 \overline{x}_1 y_2 + \overline{x}_2 x_1 y_2 y_1$$

$$Z = y_2 \overline{y}_1$$

(过程略)

例 6-11 用与非门设计一个"00—01—11"序列检测器。该电路有两个输入端 x_2、x_1 和一个输出端 Z。当 $x_2 x_1$ 输入序列 00→01→11 时,输出 Z 为 1(输出信号 1 维持到输入信号再次发生跳变时才变为 0),平时 Z 为 0。

解 序列检测器是一种从随机输入序列中识别出指定序列的时序逻辑电路。电平异步时序逻辑电路对随机输入信号给了一定的约束,即不允许两个或两个以上输入信号同时改变,这无疑可减少电路需要记忆和区分的信息量。按照电平异步时序逻辑电路设计的一般步骤,设计如下。

① 建立原始流程表。

建立原始流程表可借助输入、输出时间图,也可以借助原始总态图。原始总态图的建立类似原始状态图,即首先设立初始稳定总态,然后从初始稳定总态出发,根据需要记忆和区分的信息增设新的稳定总态。对所设立的每一个稳定总态,都应当确定输入信号发生允许变化时的状态转移方向及相应输出。假定本例采用通过原始总态图建立原始流程表的方法,并设输入 $x_2 x_1 = 00$ 时,电路处于初始稳定总态 $(x_2 x_1, y/Z) = (00, 1/0)$,则根据题意可作出原始总态图,如图 6.26 所示。

图中,从初始稳定总态 (00, 1/0) 出发,当输入 $x_2 x_1$ 由 00→01 时,表示收到了序列"00→01→11"中的第二个信号,可用稳定总态 (01, 2/0) 记住,若输入 $x_2 x_1$ 接

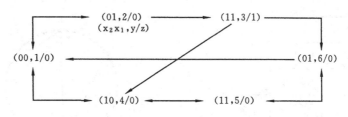

图 6.26 原始总态图

着再由 01→11,则表示收到了序列"00→01→11"中的第三个信号,可用稳定总态 (11,3/1)记住,这时输出 Z 为 1;当从初始稳定总态(00,1/0)出发,输入 $x_2 x_1$ 由 00 →10 时,输入 10 不属于指定序列,可用稳定总态(10,4/0)记住,若输入 $x_2 x_1$ 接着再由 10→11,则由于此时输入 11 不是输入 01 后的 11,所以要用一个新的稳定总态记住,假定用稳定总态(11,5/0)记住;当处在稳定总态(11,3/1)和(11,5/0),输入 $x_2 x_1$ 由 11→01 时,由于此时输入 01 不属于指定序列的第二个信号,所以可用一个新的稳定总态(01,6/0)记住,在该稳定总态下输入由 01→11 时,应令其转向稳定总态(11,5/0)。此外,任何时候只要 $x_2 x_1$ 变为 00 就应进入稳定总态 (00,1/0),任何时候只要 $x_2 x_1$ 变为 10,就应进入稳定总态(10,4/0)。

根据原始总态图中设立的 6 个稳定总态及其转换关系,可作出该序列检测器的原始流程表,如表 6.20 所示。

表 6.20 原始流程表

二次状态	激励状态/输出 Z			
	$x_2 x_1 = 00$	$x_2 x_1 = 01$	$x_2 x_1 = 11$	$x_2 x_1 = 10$
1	①/0	2/0	d/d	4/0
2	1/0	②/0	3/d	d/d
3	d/d	6/d	③/1	4/d
4	1/0	d/d	5/0	④/0
5	d/d	6/0	⑤/0	4/0
6	1/0	⑥/0	5/0	d/d

② 状态化简。

根据相容行的判断法则,可作出隐含表如图 6.27(a)所示。由隐含表可得到相容行对(1,2),(1,4),(4,5),(4,6),(5,6)。据此可作出状态合并图,如图 6.27(b)所示,其最大相容行类为(1,2),(1,4),(3),(4,5,6)。

根据选择最小闭覆盖的条件,可选相容行类集合{(1,2),(3),(4,5,6)}。令 (1,2)用 A 表示,(3)用 B 表示,(4,5,6)用 C 表示,可得到合并后的最简流程表,如表 6.21 所示。

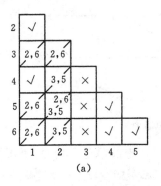
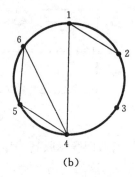

图 6.27 隐含表和状态合并图

表 6.21 最简流程表

二次状态	激励状态/输出 Z			
	$x_2x_1=00$	$x_2x_1=01$	$x_2x_1=11$	$x_2x_1=10$
A	Ⓐ/0	Ⓐ/0	B/d	C/0
B	d/d	C/d	Ⓑ/1	C/d
C	A/0	Ⓒ/0	Ⓒ/0	Ⓒ/0

③ 状态编码。

由于最简流程表中有 3 个状态,所以状态编码时需要用两位二进制代码。仔细分析表 6.21 中的状态转移关系可知,确定编码方案时,只需保证分配给状态 A 和 B 的代码相邻、状态 B 和 C 的代码相邻,即可避免临界竞争。设二次状态用 y_2、y_1 表示,并令 $y_2y_1=00$ 表示 A,$y_2y_1=01$ 表示 B,$y_2y_1=11$ 表示 C,可得到二进制流程表,如表 6.22 所示。

表 6.22 二进制流程表

二次状态		激励状态 Y_2Y_1/输出 Z			
y_2	y_1	$x_2x_1=00$	$x_2x_1=01$	$x_2x_1=11$	$x_2x_1=10$
0	0	⓪⓪/0	⓪⓪/0	01/d	11/d
0	1	dd/d	11/d	⓪①/1	11/d
1	1	00/0	⑪/0	⑪/0	⑪/0

④ 确定激励状态和输出函数表达式。

根据二进制流程表可作激励状态和输出函数卡诺图,如图 6.28 所示。图中,多余状态 10 可作为无关条件处理。值得注意的是,多余状态作为无关条件处理的结果,不能使总态(00,10)和(10,10)为稳定状态,即在这两个总态下的激励状态 Y_2Y_1 不能为 10,否则,将产生临界竞争(读者可自行分析)。

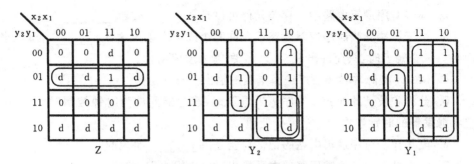

图 6.28 激励状态和输出函数卡诺图

用卡诺图化简后,可得到激励状态和输出函数表达式如下:

$$Y_2 = x_2\bar{x}_1 + x_2y_2 + \bar{x}_2x_1y_1 = \overline{\overline{x_2\bar{x}_1} \cdot \overline{x_2y_2} \cdot \overline{\bar{x}_2x_1y_1}}$$

$$Y_1 = x_2 + \bar{x}_2x_1y_1 = \overline{\overline{x_2} \cdot \overline{\bar{x}_2x_1y_1}}$$

$$Z = \bar{y}_2y_1 = \overline{\overline{\bar{y}_2y_1}}$$

⑤ 画出逻辑电路图。

根据激励状态和输出函数的"与非-与非"表达式,可画出用与非门实现给定功能的逻辑电路,如图 6.29 所示。

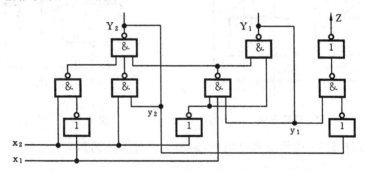

图 6.29 逻辑电路

6.3 学习自评

6.3.1 自测练习

一、填空题

1. 异步时序逻辑电路可分为_____和_____两种类型。

2. 异步时序逻辑电路中的存储元件可以是_____或者_____。

3. 由于脉冲异步时序逻辑电路不允许两个或两个以上输入_____，所以当电路有 n 个输入时，只允许出现_____种输入取值组合。

4. Mealy 型脉冲异步时序逻辑电路的输出信号一定是_____信号。

5. 分析和设计脉冲异步时序逻辑电路时，若存储元件为时钟控制触发器，则应将触发器的时钟端作为_____处理。

6. 电平异步时序逻辑电路的记忆功能是由_____实现的。

7. 一个具有 n 条反馈回路的电平异步时序逻辑电路，最多可以有_____个状态。

8. 电平异步时序逻辑电路在工作过程中存在稳定状态和非稳定状态，若_____与_____相等，则电路处于稳定状态，否则处于非稳定状态。

9. 在图 6.30 所示电路中，设始状态 $y_2y_1=00$，在输入端 x 接收 3 个脉冲后，电路状态 $y_2y_1=$_____。

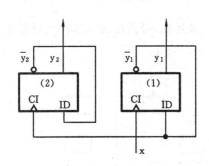

图 6.30 逻辑电路

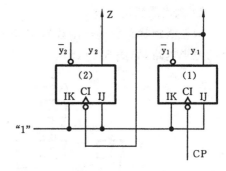

图 6.31 逻辑电路

10. 在图 6.31 所示逻辑电路中，若输入时钟脉冲的频率为 40 kHz，则输出 Z 的频率为_____。

二、选择题

从下列各题的 4 个备选答案中选出 1 个或多个正确答案，并将其代号写在题中的括号内。

1. 脉冲异步时序逻辑电路的输入信号可以是（　　）。
   A. 模拟信号　　　　　　　　B. 电平信号
   C. 脉冲信号　　　　　　　　D. 时钟脉冲信号

2. 电平异步时序逻辑电路不允许两个或两个以上输入信号（　　）。
   A. 同时为 0　　　　　　　　B. 同时为 1
   C. 同时改变　　　　　　　　D. 同时出现

3. 脉冲异步时序逻辑电路中的存储元件可以采用（　　）。

  A. 时钟控制 RS 触发器　　　　B. D 触发器

  C. 基本 RS 触发器　　　　　　D. JK 触发器

4. 若一个最简流程表中有 5 个状态，则相应电平异步时序电路中应具有（　　）反馈回路。

  A. 2 条　　　　B. 3 条　　　　C. 4 条　　　　D. 5 条

5. 电平异步时序电路中反馈回路间的临界竞争，可导致电路（　　）。

  A. 时延增加　　　　　　　　B. 速度下降

  C. 发生错误状态转移　　　　D. 信号减弱

三、判断改错题

判断各题正误，正确的在括号内记"√"；错误的在括号内记"×"并改正。

1. 如果一个时序逻辑电路中的存储元件受统一时钟信号控制，则属于同步时序逻辑电路。　　　　　　　　　　　　　　　　　　　　　　　　　　（　　）

2. 脉冲异步时序逻辑电路不允许输入信号为时钟脉冲信号。　　（　　）

3. 电平异步时序逻辑电路不允许两个或两个以上的输入同时为1。（　　）

4. 用逻辑门构成的各种触发器均属于电平异步时序逻辑电路。　（　　）

5. 如果最简流程表中有 n 个不同状态，则相应电路中应有 n 条反馈回路。

                     （　　）

6. 电平异步时序逻辑电路不允许输入信号为脉冲信号。　　　　（　　）

7. 电平异步时序逻辑电路中各反馈回路之间的竞争是由于状态编码引起的。

                     （　　）

8. 通过合适的状态编码方案，可以消除电平异步时序逻辑电路中反馈回路间的临界竞争。　　　　　　　　　　　　　　　　　　　　　　　　　　（　　）

9. 图 6.32 所示逻辑电路是一个电平异步时序逻辑电路。　　　　（　　）

10. 图 6.33 所示逻辑电路是一个具有两条反馈回路的电平异步时序逻辑电

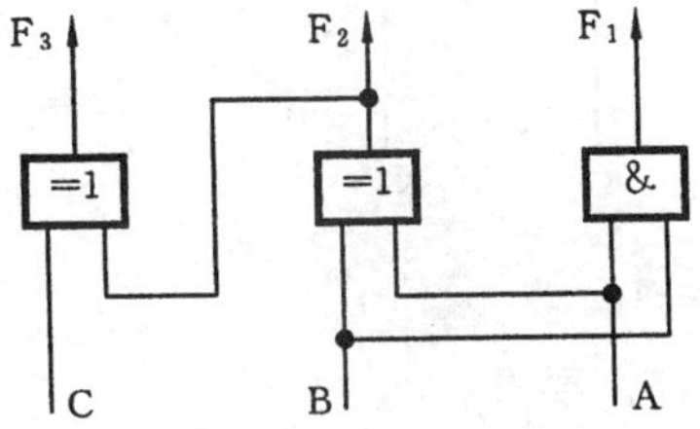

图 6.32　逻辑电路 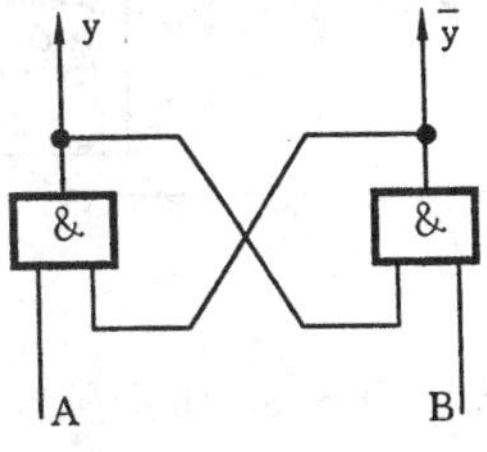　　　　　　　　图 6.33　逻辑电路

路。 ( )

四、分析题

1. 分析图 6.34 所示时序逻辑电路。要求：

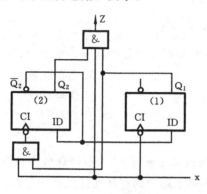

图 6.34 逻辑电路

(1) 指出该电路属于同步时序逻辑电路还是异步时序逻辑电路？属于 Mealy 模型还是 Moore 模型？

(2) 作出状态表和状态图；

(3) 说明电路逻辑功能。

2. 分析图 6.35 所示脉冲异步时序逻辑电路。要求：

(1) 作出状态表和时间图；

(2) 说明电路逻辑功能。

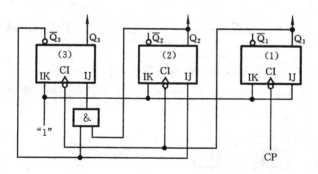

图 6.35 逻辑电路

3. 分析图 6.36 所示脉冲异步时序逻辑电路。要求：

(1) 作出状态表和状态图；

(2) 说明电路逻辑功能。

第6章 异步时序逻辑电路

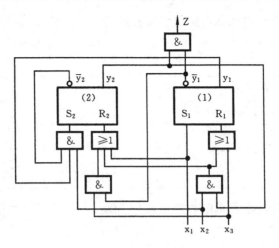

图 6.36 逻辑电路

4. 分析图 6.37 所示脉冲异步时序逻辑电路,作出时间图并说明该电路逻辑功能。

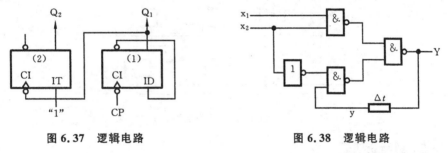

图 6.37 逻辑电路　　　　　图 6.38 逻辑电路

5. 分析图 6.38 所示电平异步时序逻辑电路,作出流程表和总态图。

6. 分析图 6.39 所示电平异步时序逻辑电路,作出流程表和时间图,说明该电路功能。

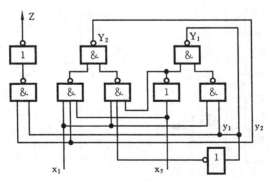

图 6.39 逻辑电路

7. 某电平异步时序逻辑电路的流程表如表 6.23 所示,试作出输入 $x_2 x_1$ 变化序列为 00→01→11→10→11→01→00 时总态($x_2 x_1, y_2 y_1$)的响应序列。

表 6.23 流程表

二次状态		激励状态 $Y_2 Y_1$/输出 Z			
y_2	y_1	$x_2 x_1 = 00$	$x_2 x_1 = 01$	$x_2 x_1 = 11$	$x_2 x_1 = 10$
0	0	⑩⓪/0	01/0	01/0	10/0
0	1	00/0	⓪①/0	⓪①/0	11/0
1	1	00/0	01/0	10/0	①①/0
1	0	00/d	00/1	①⓪/1	①⓪/1

8. 某电平异步时序逻辑电路如图 6.40 所示,试作出流程表和总态图,说明电路功能。

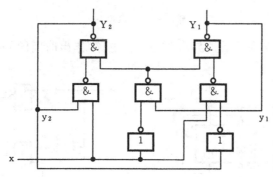

图 6.40 逻辑电路

五、判断说明题

1. 判断图 6.41(a)、(b)所示的两个电路,指出哪个是组合逻辑电路,哪个是电平异步时序逻辑电路?说明理由。

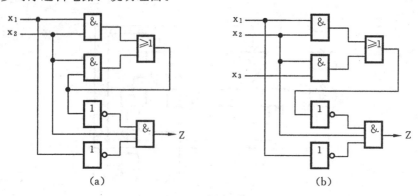

图 6.41 逻辑电路

2. 判断图 6.42(a)、(b)所示的两个电路,指出哪个是同步时序逻辑电路,哪个是异步时序逻辑电路? 说明理由。

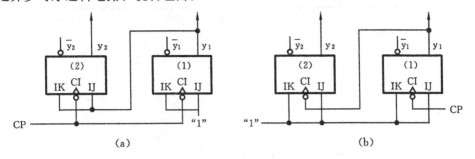

图 6.42　逻辑电路

3. 某电平异步时序逻辑电路的结构框图如图6.43所示。图中,

$$Y_2 = x_1 + x_2 y_2 + y_2 \overline{y}_1$$
$$Y_1 = x_1 y_1 + x_2 x_1 + \overline{x}_2 \overline{y}_2$$
$$Z = y_2 y_1$$

试通过流程表判断以下结论是否正确,并说明理由:

(1) 该电路中存在非临界竞争;

(2) 该电路中不存在临界竞争;

(3) 若修改状态编码方案,将流程表中的 00 和 01 互换,即表中所有的 00→01,所有的 01→00,则电路中既不存在非临界竞争,也不存在临界竞争。

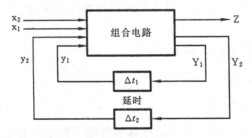

图 6.43　逻辑电路

六、设计题

1. 用 J-K 触发器作为存储元件,设计一个脉冲异步模 8 加 1 计数器。

2. 某电平异步时序逻辑电路有两个输入端 x_2、x_1 和一个输出端 Z。当输入信号 $x_2 x_1$ 出现"00→01→11→10"序列时,输出端 Z 产生一个 1 输出信号,其他情况下输出 Z 为 0。试建立该电路的原始流程表。

3. 试用与非门构成的基本 R-S 触发器设计一个模 4 加 1 计数器。

4. 化简表 6.24 所示原始流程表。

表 6.24 原始流程表

二次状态	激励状态/输出			
	$x_2 x_1 = 00$	$x_2 x_1 = 01$	$x_2 x_1 = 11$	$x_2 x_1 = 10$
1	①/0	2/0	d/d	6/0
2	1/0	②/0	3/0	d/d
3	d/d	2/0	③/0	4/0
4	1/d	d/d	3/0	④/1
5	d/d	2/0	⑤/1	4/1
6	1/0	d/d	5/d	⑥/0

5. 对表 6.25 所示最简流程表进行无竞争状态编码。

表 6.25 最简流程表

二次状态	激励状态			
	$x_2 x_1 = 00$	$x_2 x_1 = 01$	$x_2 x_1 = 11$	$x_2 x_1 = 10$
A	Ⓐ	B	d	B
B	Ⓑ	Ⓑ	C	C
C	D	D	Ⓒ	Ⓒ
D	A	Ⓓ	Ⓓ	Ⓓ

6. 某电平异步时序逻辑电路有两个输入信号 x_1、x_2 和一个输出信号 Z。当 $x_2=1$ 时，Z 总为 0；当 $x_2=0$ 时，x_1 的第一次从 0→1 的跳变使 Z 变为 1，该输出信号 1 一直保持到 x_2 由 0→1 为止。试用与非门实现该电路功能。

6.3.2 自测练习解答

一、填空题

1. 异步时序逻辑电路可分为<u>脉冲异步时序逻辑电路</u>和<u>电平异步时序逻辑电路</u>两种类型。

2. 异步时序逻辑电路中的存储元件可以是<u>触发器</u>或者带反馈的延时元件。

3. 由于脉冲异步时序逻辑电路不允许两个或两个以上输入<u>同时出现脉冲信号</u>，所以当电路有 n 个输入时，只允许出现 $n+1$ 种输入取值组合。

4. Mealy 型脉冲异步时序逻辑电路的输出信号一定是<u>脉冲</u>信号。

5. 分析和设计脉冲异步时序逻辑电路时，若存储元件为时钟控制触发器，则应将触发器的时钟端作为<u>激励函数</u>处理。

6. 电平异步时序逻辑电路的记忆功能是由<u>时延加反馈</u>实现的。

第6章 异步时序逻辑电路

7. 一个具有 n 条反馈回路的电平异步时序逻辑电路,最多可以有 $\underline{2^n}$ 个状态。

8. 电平异步时序逻辑电路在工作过程中存在稳定状态和非稳定状态,若<u>激励状态</u>与<u>二次状态</u>相等,则电路处于稳定状态,否则处于非稳定状态。

9. 电路状态 $y_2 y_1 = \underline{11}$。

10. 输出 Z 的频率为 $\underline{10\text{kHz}}$。

二、选择题

1. C,D   2. C   3. A,B,C,D   4. B   5. C

三、判断改错题

1. √

2. × 脉冲异步时序逻辑电路允许输入为任意脉冲信号。

3. × 电平异步时序逻辑电路不允许两个或两个以上的输入同时变化。

4. √

5. × 如果最简流程表中有 n 个不同状态,则相应电路中应有 m 条反馈回路, m 和 n 满足关系 $2^{m-1} < n \leq 2^m$。

6. × 电平异步时序逻辑电路允许输入是电平信号或者脉冲信号。

7. × 电平异步时序逻辑电路中各反馈回路之间的竞争是由于各反馈回路延迟时间不同引起的。

8. √

9. × 图 6.32 所示逻辑电路是一个组合逻辑电路。

10. × 图 6.33 所示逻辑电路是一个具有一条反馈回路的电平异步时序逻辑电路。

四、分析题

1. (1) 该电路是一个 Mealy 型脉冲异步时序逻辑电路。

(2) 该电路的状态表如表 6.26 所示,状态图如图 6.44 所示。

表 6.26 状态表

现态		次态/输出 Z
Q_2	Q_1	x=1
0	0	01/0
0	1	11/0
1	0	10/0
1	1	00/1

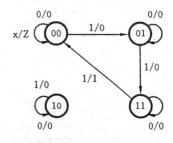

图 6.44 状态图

(3) 该电路是一个三进制计数器。电路中有一个多余状态 10,且存在"挂起"现象。

2. (1) 电路状态表如表 6.27 所示,时间图如图 6.45 所示。
   (2) 该电路是一个模 6 计数器。

表 6.27 状态表

时钟	现态			次态		
CP	Q_3	Q_2	Q_1	Q_3^{n+1}	Q_2^{n+1}	Q_1^{n+1}
1	0	0	0	0	0	1
1	0	0	1	0	1	0
1	0	1	0	0	1	1
1	0	1	1	1	0	0
1	1	0	0	1	0	1
1	1	0	1	0	0	0
1	1	1	0	1	1	1
1	1	1	1	0	0	0

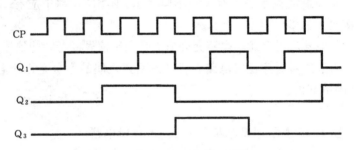

图 6.45 时间图

3. (1) 该电路的状态表如表 6.28 所示,状态图如图 6.46 所示。
   (2) 该电路是一个"$x_1 - x_2 - x_3$"序列检测器。

表 6.28 状态表

现态		次态 $y_2^{(n+1)} y_1^{(n+1)}$			输出
y_2	y_1	x_1	x_2	x_3	Z
0	0	01	00	00	0
0	1	01	11	00	0
1	1	01	00	10	0
1	0	01	00	00	1

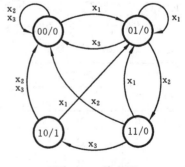

图 6.46 状态图

4. 该电路是一个模 4 计数器,其时间图如图 6.47 所示。

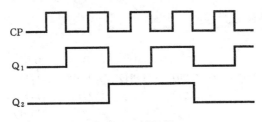

图 6.47 时间图

5. $Y = x_2 x_1 + \bar{x}_2 y$

流程表如表 6.29 所示,总态图如图 6.48 所示。

表 6.29 流程表

二次状态 y	激励状态 Y			
	$x_2 x_1 = 00$	$x_2 x_1 = 01$	$x_2 x_1 = 11$	$x_2 x_1 = 10$
0	⓪	⓪	1	⓪
1	①	①	①	0

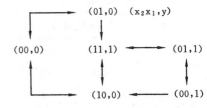

图 6.48 总态图

6. 该电路的流程表如表 6.30 所示。设输入信号 $x_2 x_1$ 的变化序列为 00→01 →11→10→00→10→11→01,初始总态为 $(x_2 x_1, y_2 y_1) = (00, 00)$,可作出时间图如图 6.49 所示。由时间图可知,该电路是一个"00—01—11"序列检测器。

表 6.30 流程表

二次状态		激励状态 $Y_2 Y_1$				输出
y_2	y_1	$x_2 x_1 = 00$	$x_2 x_1 = 01$	$x_2 x_1 = 11$	$x_2 x_1 = 10$	Z
0	0	⓪⓪	10	01	01	0
0	1	0 0	⓪①	⓪①	⓪①	0
1	1	0 0	01	①①	01	1
1	0	0 0	①⓪	11	01	0

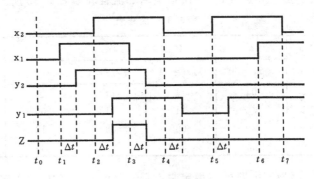

图 6.49 时间图

7. 总态响应序列为

时刻 t	t_0	t_1	t_2	t_3	t_4	t_5	t_6
输入 $x_2 x_1$	00	01	11	10	11	01	00
总　态	(00,00)	(01,00)	(11,01)	(10,01)	(11,11)	(01,10)	(00,01)
($x_2 x_1, y_2 y_1$)		(01,01)		(10,11)	(11,10)	(01,00)	(00,00)
				(01,01)			

8. 该电路流程表如表 6.31 所示，总态图如图 6.50 所示。由总态图可知，该电路是一个模 4 计数器，可对输入信号变化的次数进行计数。

表 6.31　流程表

二次状态		激励状态	
y_2	y_1	$x=0$	$x=1$
0	0	⑩	01
0	1	11	①
1	1	⑪	10
1	0	00	⑩

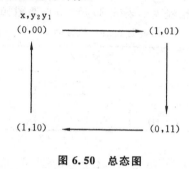

图 6.50　总态图

五、判断说明题

1. 图 6.41(a)所示的是电平异步时序逻辑电路，因为该电路尽管是由逻辑门构成的，但含有反馈回路；图 6.41(b)所示的是组合逻辑电路，因为该电路不仅是由逻辑门构成，且信号是单向传输的。

2. 图 6.42(a)所示的是同步时序逻辑电路，因为电路中的触发器受同一个时钟信号的控制；而图 6.42(b)所示的是异步时序逻辑电路，因为尽管电路中的存储元件是时钟控制触发器，但两个触发器的时钟端不受同一时钟信号的控制。

3. 根据激励函数表达式，可作出该电路的流程表如表 6.32 所示。

表 6.32　流程表

二次状态		激励状态 $Y_2 Y_1$				输出
y_2	y_1	$x_2 x_1 = 00$	$x_2 x_1 = 01$	$x_2 x_1 = 11$	$x_2 x_1 = 10$	Z
0	0	01	11	11	⑩	0
0	1	①	11	11	00	0
1	1	00	⑪	⑪	10	1
1	0	⑩	⑩	11	⑩	0

(1) 正确。因为当电路处在稳定总态 $(x_2 x_1, y_2 y_1) = (10, 00)$，输入由 10→11 时，会发生非临界竞争。

(2) 错误。因为当电路处在稳定总态(01,11),输入由 01→00 时,会发生临界竞争。

(3) 错误。因为 00↔01 后,可得到流程表如表 6.33 所示,当处在稳定总态 (00,00),输入由 00→01 时,会发生临界竞争。

表 6.33 流程表

二次状态		激励状态 Y_2Y_1				输出
y_2	y_1	$x_2x_1=00$	$x_2x_1=01$	$x_2x_1=11$	$x_2x_1=10$	Z
0	0	⑩	11	11	01	0
0	1	00	11	11	⑪	0
1	1	01	⑪	⑪	10	1
1	0	⑩	⑩	11	⑩	0

六、设计题

1. 逻辑电路如图 6.51 所示。

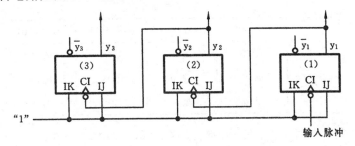

图 6.51 逻辑电路

2. 根据题意,可作出原始流程表如表 6.34 所示。

表 6.34 原始流程表

二次状态	激励状态			
	$x_2x_1=00$	$x_2x_1=01$	$x_2x_1=11$	$x_2x_1=10$
1	①/0	2/0	d/d	5/0
2	1/0	②/0	3/0	d/d
3	d/d	6/0	③/0	4/0
4	1/d	d/d	7/d	④/1
5	1/0	d/d	7/0	⑤/0
6	1/0	⑥/0	7/0	d/d
7	d/d	6/0	⑦/0	5/0

3. 逻辑电路如图 6.52 所示。

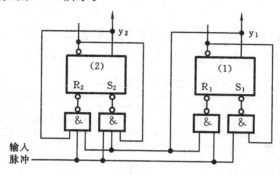

图 6.52 逻辑电路

4. 最简流程表如表 6.35 所示。表中，A 表示原始状态表中的(1,6)；B 表示原始状态表中的(2,3,4)；C 表示原始状态表中的 5。

表 6.35 最简流程表

二次状态	激励状态/输出			
	$x_2 x_1 = 00$	$x_2 x_1 = 01$	$x_2 x_1 = 11$	$x_2 x_1 = 10$
A	Ⓐ/0	B/0	C/d	Ⓐ/0
B	A/0	Ⓑ/0	Ⓑ/0	Ⓑ/1
C	d/d	B/0	Ⓒ/1	B/1

5. 设二次状态用 y_2、y_1 表示，令 $y_2 y_1$ 取值 00—A，01—B，11—C，10—D，即可实现无竞争状态编码，其二进制流程表如表 6.36 所示。

表 6.36 二进制流程表

二次状态		激励状态			
y_2	y_1	$x_2 x_1 = 00$	$x_2 x_1 = 01$	$x_2 x_1 = 11$	$x_2 x_1 = 10$
0	0	⓪⓪	01	dd	01
0	1	⓪①	⓪①	11	11
1	1	10	10	①①	①①
1	0	00	①⓪	①⓪	①⓪

6. 根据题意，按照电平异步时序逻辑电路设计的步骤，可得到逻辑电路如图 6.53 所示。

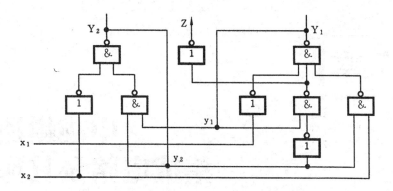

图 6.53 逻辑电路

第 7 章

中规模通用集成电路及其应用

知识要点

- 常用中规模组合逻辑电路及其应用
- 常用中规模时序逻辑电路及其应用
- 常用中规模信号产生与变换电路及其应用

7.1 重点与难点

各种常用的中规模通用集成电路均具有通用性、灵活性及多功能性等特点。因此,要求重点掌握各类电路的基本功能及典型芯片的外部特性和使用方法,并能在此基础上恰当地、灵活地、充分地利用各类电路完成满足应用要求的逻辑设计。

7.1.1 常用中规模组合逻辑电路

1. 4位二进制并行加法器

基本功能 实现 4 位二进制加法运算,并能作为基本模块构成 $4n$ 位加法器,实现 $4n$ 位二进制数相加。

典型芯片 74283。其引脚排列如图 7.1 所示。

芯片共有 16 条引线。其中 9 条输入线,5 条输出线,1 条电源线和 1 条地线。输入线 $A_4 \sim A_1$ 和 $B_4 \sim B_1$ 接收两个 4 位二进制数,C_0 接收进位输入;输出线 $F_4 \sim F_1$ 输出 4 位"和",FC_4 为高位产生的进位。

74283内部采用超前进位,运算速度比较快。

主要应用 实现各种算术运算、逻辑运算以及代码转换等。

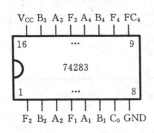

图7.1 74283引脚排列图

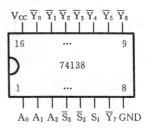

图7.2 74138引脚排列图

2. 译码器

译码器的基本功能是对具有特定含义的输入代码进行"翻译",并产生相应的输出信号。常见的有二进制译码器、二-十进制译码器和数字显示译码器等。

(1) 二进制译码器

功能 将 n 个输入变量变换成 2^n 个输出函数,每个输出函数对应于 n 个输入变量的一个最小项或者最大项。

特点 一个具有 n 个代码输入端的二进制译码器,有 2^n 个输出端以及一个或多个使能输入端。在使能端为有效电平时,对应每一组输入代码,仅一个输出端为有效信号。当有效信号为高电平时,称为高电平译码;反之,称为低电平译码。

典型芯片 3-8线译码器74138。其引脚排列如图7.2所示。

该芯片共有16条引线,其中6条输入线,8条输出线,1条电源线和1条地线。输入线 $A_2 \sim A_0$ 接收输入代码,S_1、$\overline{S}_2$ 和 $\overline{S}_3$ 用于使能控制;输出线 $\overline{Y}_0 \sim \overline{Y}_7$ 与输入代码构成的最大项(即最小项之非)对应,输出低电平有效。

应用 二进制译码器除了用于实现地址译码、指令译码等功能外,还可用于实现各种逻辑函数的功能。

(2) 二-十进制译码器

功能 将 BCD 码的10组代码翻译成与十进制的10个数字符号对应的输出信号。

典型芯片 7442。其引脚排列如图7.3所示。

该芯片共有16条引线,其中4条输入线 $A_3 \sim A_0$ 接收 8421 码;10条输出线 $\overline{Y}_0 \sim \overline{Y}_9$ 对应 0~9 十个字符(输出低电平有效);另外1条电源线和1条地线。

(3) 数字显示译码器

功能 将输入代码转换成数字显示器的驱动信号,使显示器显示出与输入代码对应的数字。

典型芯片 七段显示译码器 7448。其引脚排列如图 7.4 所示。

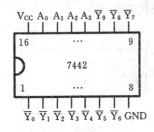

图 7.3 7442 引脚排列图

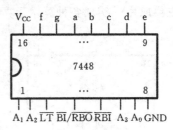

图 7.4 7448 引脚排列图

该芯片共有 16 条引线,其中 7 条输入线,7 条输出线,1 条电源线和 1 条地线。输入线 $A_3 \sim A_0$ 接收 4 位二进制码,$\overline{LT}$、$\overline{RBI}$ 和 $\overline{BI/RBO}$ 用于辅助功能控制;输出线 a、b、c、d、e、f 和 g 分别提供七段显示器 a、b、c、d、e、f 和 g 七段的驱动信号,输出高电平有效。

3. 编码器

常见的编码器有十进制-BCD 码编码器和优先编码器。

(1) 十进制-BCD 码编码器

功能 将十进制数字 0~9 转换成 BCD 码。

典型芯片 8421 码编码器 74147。其引脚排列如图 7.5 所示。

该芯片共有 16 条引线,其中 9 条输入线,4 条输出线,1 条电源线,1 条地线及 1 条未用线。9 个输入信号 $\overline{I}_1 \sim \overline{I}_9$ 对应十进制数字 1~9,4 个输出信号 $\overline{Y}_3 \sim \overline{Y}_0$ 为 8421 码。输入、输出信号低电平有效,当所有输入端无信号时,对应十进制数字 0。

应用 广泛用于键盘电路。

(2) 优先编码器

功能 实现对多个输入信号中优先级别最高的进行编码。

典型芯片 8-3 线优先编码器 74148。其引脚排列如图 7.6 所示。

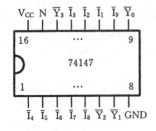

图 7.5 74147 引脚排列图

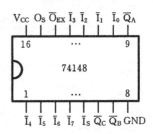

图 7.6 74148 引脚排列图

该芯片共有 16 条引线,其中输入线 9 条,输出线 5 条,电源和地线各 1 条。输入 $\bar{I}_0 \sim \bar{I}_7$ 接收 8 个输入信号,下标越大的优先级别越高,输入信号低电平有效。输出 $\bar{Q}_C \bar{Q}_B \bar{Q}_A$ 为输出的编码信号,低电平有效。输入 $\bar{I}_S$ 为允许输入端,输出信号 O_S 和 $\bar{O}_{EX}$ 分别为允许输出端和编码群输出端,利用这 3 个信号可进行功能扩充。

应用 广泛用于中断优先排队等,以实现优先权管理。

4. 多路选择器和多路分配器

(1) 多路选择器(数据选择器)

基本功能 在选择变量控制下,从多路输入数据中选中某一路数据输出。对于一个具有 2^n 个输入和 1 个输出的多路选择器,应有 n 个选择变量。

典型芯片 双 4 路数据选择器 74153。其引脚排列如图 7.7 所示。

该芯片含两个 4 路数据选择器,每个选择器接收 4 路数据输入,产生一个输出,两个 4 路数据选择器共用两个选择变量。芯片共有 16 条引线,其中 $1D_0 \sim 1D_3$,$2D_0 \sim 2D_3$ 为 8 条数据输入线,A_1 和 A_0 为选择输入线,$1Y$、$2Y$ 为 2 条输出线,$1G$、$2G$ 为使能控制端,另外有 1 条电源线和 1 条地线。

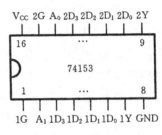

图 7.7 74153 引脚排列图

4 路数据选择器的输出函数表达式为

$$Y = \overline{A_1}\overline{A_0}D_0 + \overline{A_1}A_0D_1 + A_1\overline{A_0}D_2 + A_1A_0D_3$$

$$= \sum_{i=0}^{3} m_i D_i \quad (m_i \text{ 为选择变量构成的最小项})$$

应用 通常和多路分配器配合使用,在公共传输线上实现多路数据的分时传送。此外,还可用来实现数据的并-串转换、序列信号产生以及各种逻辑函数的功能。

(2) 多路分配器(数据分配器)

基本功能 在选择变量控制下将单路输入数据分配到多路输出中的某一路。显然,多路分配器与多路选择器的功能正好相反。

多路分配器的电路结构与译码器十分相似,一般在设计译码器组件时已考虑与多路分配器兼容,只要正确运用译码器的使能端和输入端,就可实现多路分配器功能。

典型芯片 3-8 线译码器 74138,74137 等。

应用 多路分配器除与多路选择器配合实现多路数据分时传送外,还可与计数器配合构成脉冲分配器等。

7.1.2 常用中规模时序逻辑电路

数字系统中应用最广泛的中规模时序逻辑电路有计数器和寄存器。

1. 计数器

计数器是一种对输入脉冲进行计数的逻辑部件。

基本功能 统计输入脉冲个数。

计数器中的数是用触发器状态组合来表示的,在输入脉冲作用下,电路在有限个状态中循环,其循环一周所经历的状态总数称为计数器的模,用"M"表示。换言之,计数器所能记忆脉冲的最大数目 M 称为计数器的模。

计数器的类型 按工作方式分类,可分为同步计数器和异步计数器;按进位制分类,可分为二进制计数器,十进制计数器,任意进制计数器等;按功能分类,可分为加法计数器,减法计数器,加/减可逆计数器等。

典型芯片 4 位二进制同步可逆计数器 74193。其引脚排列如图 7.8 所示。

该计数器具有清除、预置、累加计数、累减计数等功能。芯片共有 16 条引线,其中输入线 8 条,输出线 6 条,电源线和地线各 1 条。输入端 CLR 为清除信号,CLR 为 1 时计数器清 0;输入端 D、C、B、A 为初值接收端;输入端 CP_U 和 CP_D 分别为累加计数脉冲和累减计数脉冲输入端。输出端 Q_D、Q_C、Q_B、Q_A 为计数值输出端;$\overline{Q_{CC}}$ 和 $\overline{Q_{CB}}$ 分别为进位输出和借位输出端。

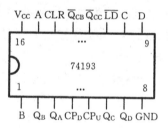

图 7.8 74193 引脚排列图

4 位二进制计数器的模是 16,利用计数器的清除、预置等功能,可以很方便地构成模 M<16 的计数器。也可以利用计数器的进位和借位输出脉冲,将多个 4 位计数器级联,构成模 M>16 的计数器。

应用 计数器除了实现对输入脉冲进行计数的功能外,在数字系统中常用来构成脉冲分配器和序列信号发生器等常用逻辑部件。

2. 寄存器

寄存器是数字系统中用来存放运算数据或运算结果等信息的常用逻辑部件。

基本功能 接收、保存和传送信息。中规模寄存器除实现基本功能外,通常具有左、右移位,串、并输入,串、并输出,以及预置、清 0 等多种功能。

典型芯片 4 位双向移位寄存器 74194。其引脚排列如图 7.9 所示。

该寄存器具有清除、保持、并行数据输入、右移串行数据输入和左移串行数据输入等功能。芯片共有 16 条引线,其中输入引线 10 条,输出引线 4 条,电源线和地线各 1 条。输入线 $\overline{CLR}$ 为清 0 线,$\overline{CLR}$ 为 0 时寄存器清 0;A~D 为并行数据输入端;D_R 和 D_L 分别为右移和左移数据输入端;CP 为工作脉冲信号;S_0 和 S_1 为工作方式选择信号。输出线 Q_A~Q_D 输出寄存器状态。

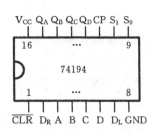

图 7.9　74194 引脚排列图

应用　寄存器除用来保存各种信息外,还可用于实现数据的串—并转换、并—串转换以及构成计数器、序列脉冲发生器等。

7.1.3　常用中规模信号产生与变换电路

数字系统中最常用的中规模信号产生与变换电路有集成定时器 555、D/A 转换器 DAC 及 A/D 转换器 ADC 等。

1. 集成定时器 555

集成定时器 555 是将模拟功能和数字功能集于一体的一种中规模集成电路。
基本功能　完成脉冲信号的产生、定时和整形等功能。
典型芯片　5G555。其引脚排列如图 7.10 所示。

该电路由电阻分压器、电压比较器、基本 R-S 触发器、放电三极管和输出缓冲器 5 部分组成。芯片共有 8 条引线,其中输入线 4 条,输出线 2 条,电源线和地线各 1 条。输入包括电压控制端 CO、复位端 $\overline{R_D}$、阈值输入端 TH 和触发输入端 $\overline{TR}$;输出包括电路输出端 OUT 和放电三极管 T 的集电极 D 端。

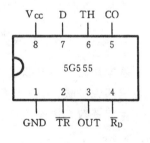

图 7.10　5G555 引脚排列图

应用　广泛用于构成多谐振荡器、施密特触发器和单稳态触发器等电路。实现脉冲信号的产生、定时、波形变换、脉冲整形、幅值鉴别以及延时等功能。

2. 集成 D/A 转换器(集成 DAC)

基本功能　将数字信号转换成模拟信号。
转换特性　输出模拟量 A 与输入数字量成正比。即

$$A = kD \qquad (k \text{ 为比例系数})$$

主要参数 衡量 D/A 转换器性能的主要参数有分辨率、非线性误差、绝对精度和建立时间。

基本结构 各种集成 D/A 转换器至少包括电阻网络和电子开关两个基本组成部分。

分类 有多种类型和不同的分类方法：按照电阻网络结构的不同，可分为权电阻网络 DAC、R-2R 正梯形电阻网络 DAC、R-2R 倒梯形电阻网络 DAC 等类型；按照电子开关的不同，可分为 CMOS 电子开关 DAC 和双极型电子开关 DAC；按照输出的模拟信号，可分为电流型 DAC 和电压型 DAC。

典型芯片 DAC0832。其引脚排列如图 7.11 所示。

该电路由两个 8 位数据缓冲寄存器、1 个 8 位 D/A 转换器和 3 个控制逻辑门组成。芯片共有 20 条引线，其中 14 条输入线，3 条输出线，2 条地线和 1 条电源线。输入包括 8 位数据输入端 $D_7 \sim D_0$，5 个控制信号输入端 $\overline{CS}$、ILE、$\overline{WR_1}$、$\overline{WR_2}$、$\overline{XFER}$ 和 1 个参考电压输入端；输出包括 2 个电流输出端 I_{OUT1}、I_{OUT2} 和 1 个反馈电阻输出端 R_{fb}。

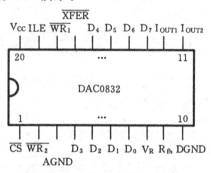

图 7.11 DAC0832 引脚排列图

应用 广泛应用于 I/O 接口电路及数字化仪表中。

3. 集成 A/D 转换器（集成 ADC）

基本功能 将模拟信号转换成数字信号。A/D 转换过程包括采样保持和量化编码两大步骤，A/D 转换器主要完成量化编码功能。

主要参数 衡量 A/D 转换器性能的主要技术参数有分辨率、相对精度和转换时间。

类型 最常用的 A/D 转换器有并行比较型、逐次比较型和双积分型等类型。

并行比较型：由电阻分压器、电压比较器、数码寄存器及编码器 4 个主要部分组成。其特点是速度快、器件多（一个 n 位的转换器需要 $2^n - 1$ 个比较器）。适合于要求转换速度高而分辨率较低的情况。

逐次比较型：由电压比较器、逻辑控制器、D/A 转换器和数码寄存器 4 个主要部分组成。其特点是转换速度较快、分辨率高。

双积分型：由积分器、检零比较器、时钟控制门和计数器几个主要部分组成。其特点是精度高、抗干扰能力强，但速度较慢。

典型芯片 逐次比较型 A/D 转换器 ADC0809。其引脚排列如图 7.12 所示。

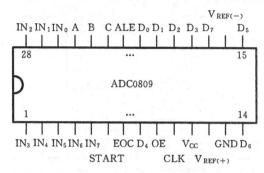

图 7.12 ADC0809 引脚排列图

该芯片共有 28 条引线，其中 14 条输入线，10 条输出线，2 个参考电压端，1 个电源端和 1 个地端。输入包括模拟电压输入端 $IN_0 \sim IN_7$，通道选择端 A、B、C，地址允许锁存信号 ALE，启动转换信号 START，时钟输入 CLK；输出包括数据输出端 $D_7 \sim D_0$，输出允许端 OE，转换结束信号 EOC。

应用 广泛应用于 I/O 接口电路及数字化仪表中。

7.2 例题精选

例 7-1 用两个 4 位并行加法器和适当的逻辑门实现 $(X+Y) \times Z$，其中，$X = x_2 x_1 x_0$、$Y = y_2 y_1 y_0$、$Z = z_1 z_0$ 均为二进制数。

解 由于两个 3 位二进制数相加的"和"最大为 $(14)_{10}$，可用 4 位二进制数表示，假定用 $s_3 s_2 s_1 s_0$ 表示；又由于 4 位二进制数与二位二进制数相乘的结果可用 6 位二进制数表示，所以该运算电路共有 8 个输入 6 个输出。设运算结果 $W = w_5 w_4 w_3 w_2 w_1 w_0$，其运算过程如下：

$$
\begin{array}{r}
 & x_2 & x_1 & x_0 \\
+ & y_2 & y_1 & y_0 \\
\hline
s_3 & s_2 & s_1 & s_0 \\
\times & & z_1 & z_0 \\
\hline
s_3 z_0 & s_2 z_0 & s_1 z_0 & s_0 z_0 \\
+ \; s_3 z_1 & s_2 z_1 & s_1 z_1 & s_0 z_1 \\
\hline
w_5 \quad w_4 & w_3 & w_2 & w_1 & w_0
\end{array}
$$

根据以上分析可知，该电路可由两个 4 位并行加法器和 8 个两输入与门组成。用一个 4 位并行加法器实现 $X+Y$，8 个两输入与门产生 $s_i z_j (i=0 \sim 3, j=0,1)$，另一个 4 位并行加法器实现部分积相加。其逻辑电路如图 7.13 所示。

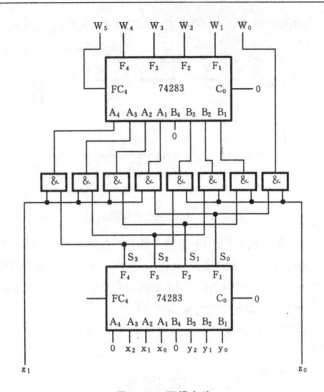

图 7.13 逻辑电路

例 7-2 用两片 3-8 线译码器 74138 和适当的逻辑门实现 2421 码到 8421 码的转换。

解 2421 码和 8421 码均为 4 位二进制代码,设 2421 码用 ABCD 表示,8421 码用 WXYZ 表示,其对应关系如表 7.1 所示。

表 7.1 真值表

A	B	C	D	W	X	Y	Z	A	B	C	D	W	X	Y	Z
0	0	0	0	0	0	0	0	1	0	0	0	d	d	d	d
0	0	0	1	0	0	0	1	1	0	0	1	d	d	d	d
0	0	1	0	0	0	1	0	1	0	1	0	d	d	d	d
0	0	1	1	0	0	1	1	1	0	1	1	0	1	0	1
0	1	0	0	0	1	0	0	1	1	0	0	0	1	1	0
0	1	0	1	d	d	d	d	1	1	0	1	0	1	1	1
0	1	1	0	d	d	d	d	1	1	1	0	1	0	0	0
0	1	1	1	d	d	d	d	1	1	1	1	1	0	0	1

根据真值表可写出输出函数表达式:

$$W(A,B,C,D) = \sum m(14,15)$$

$$X(A,B,C,D) = \sum m(4,11,12,13)$$

$$Y(A,B,C,D) = \sum m(2,3,12,13)$$

$$Z(A,B,C,D) = \sum m(1,3,11,13,15)$$

用 3-8 线译码器 74138 实现上述 4 变量函数时,可利用 74138 的一个使能端作为变量输入端,将两片 74138 扩展成 4-16 线译码器。具体可将变量 A 接至片 I 的使能端 $\overline{S_2}$ 和片 II 的使能端 S_1,变量 B、C、D 分别接至片 I 和片 II 的输入端 A_2、A_1、A_0。使之在 A=0 时,片 I 工作,片 II 禁止,由片 I 产生 $\overline{m_0} \sim \overline{m_7}$;在 A=1 时,片 I 禁止,片 II 工作,由片 II 产生 $\overline{m_8} \sim \overline{m_{15}}$。

由于译码器输出提供的是由输入变量构成的最小项之非,故应将电路输出函数表达式变换为对最小项之非进行"与非"运算的形式,其中输出函数 Z 与输入变量 D 取值相同。具体表达式如下:

$$W(A,B,C,D) = \overline{\overline{m_{14}} \cdot \overline{m_{15}}}$$

$$X(A,B,C,D) = \overline{\overline{m_4} \cdot \overline{m_{11}} \cdot \overline{m_{12}} \cdot \overline{m_{13}}}$$

$$Y(A,B,C,D) = \overline{\overline{m_2} \cdot \overline{m_3} \cdot \overline{m_{12}} \cdot \overline{m_{13}}}$$

$$Z(A,B,C,D) = D$$

据此,可得到用两片 74138 和 3 个与非门实现给定功能的逻辑电路,如图 7.14 所示。

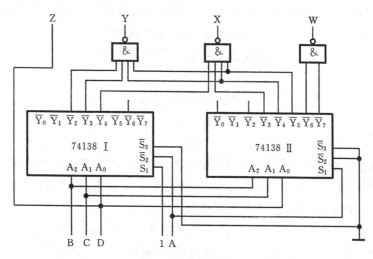

图 7.14 逻辑电路

例 7-3 分析图 7.15 所示逻辑电路。要求:
(1) 假定输入 ABCD 为 4 位二进制码,说明该电路功能;
(2) 对电路加以修改,使之实现与原电路相反的功能。

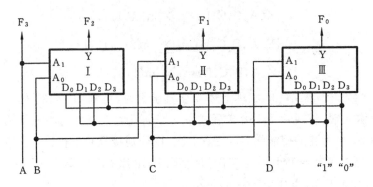

图 7.15　逻辑电路

解　图 7.15 所示是由 3 个 4 路数据选择器构成的 4 输入、4 输出逻辑电路。

(1) 根据 4 路数据选择器的功能,可写出电路的输出函数表达式为

$$F_3 = A$$
$$F_2 = \overline{A}\overline{B} \cdot 0 + \overline{A}B \cdot 1 + A\overline{B} \cdot 1 + AB \cdot 0 = A \oplus B$$
$$F_1 = \overline{B}\overline{C} \cdot 0 + \overline{B}C \cdot 1 + B\overline{C} \cdot 1 + BC \cdot 0 = B \oplus C$$
$$F_0 = \overline{C}\overline{D} \cdot 0 + \overline{C}D \cdot 1 + C\overline{D} \cdot 1 + CD \cdot 0 = C \oplus D$$

假定输入 ABCD 为 4 位二进制代码,由输出函数表达式可知,该电路实现了将 4 位二进制码转换成 4 位典型 Gray 码的逻辑功能。

(2) 假定要实现与原电路相反的逻辑功能,即将输入的 4 位典型 Gray 码 ABCD 转换成相应的 4 位二进制码 $F_3F_2F_1F_0$,则根据典型 Gray 码与二进制码之间的转换关系,可写出电路的输出函数表达式为

$$F_3 = A$$
$$F_2 = F_3 \oplus B = A \oplus B$$
$$F_1 = F_2 \oplus C$$
$$F_0 = F_1 \oplus D$$

根据输出函数表达式可知,只需将图 7.3 中所示的 4 路数据选择器 Ⅱ 的 A_1 端改为与 F_2 相连,4 路数据选择器 Ⅲ 的 A_1 端改为与 F_1 相连,即可实现 4 位典型 Gray 码到 4 位二进制码的转换(逻辑电路图略)。

例 7-4　图 7.16 所示为 4 位高速同步可逆计数器 MC0136 的逻辑符号,其功能表如表 7.2 所示。该电路的 O_{out} 端为进位/借位输出,进行加 1 计数时,在状态 $Q_3Q_2Q_1Q_0$ 为 1111 输出低电平;进行减 1 计数时,在状态 $Q_3Q_2Q_1Q_0$ 为 0000 输出低电平。试问:该计数器在加 1 计数和减 1 计数方式下如何连接可构成变模计数器?画出两种方式下模 10 计数器的连线图。

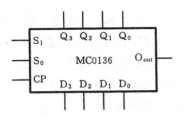

图 7.16 MC0136 的逻辑符号

表 7.2 MC0136 的功能表

S_1	S_0	CP	工作方式
0	0	↑	预　　置
0	1	↑	加计数(M=16)
1	0	↑	减计数(M=16)
1	1	↑	保　　持

解　根据 MC0136 的工作特性,在加 1 计数时,可令 S_1 接地,O_{out} 接 S_0,利用 O_{out} 输出的进位低电平预置计数状态序列的最小数构成变模计数器;在减 1 计数时,可令 S_0 接地,S_1 与 O_{out} 相接,利用 O_{out} 输出的借位低电平预置计数状态序列的最大数构成变模计数器。图 7.17(a)给出了加 1 计数方式下模 10 计数器的连线图,其计数状态序列为 0110→0111→1000→1001→1010→1011→1100→1101→1110→1111→0110→…　图 7.17(b)给出了减 1 计数方式下模 10 计数器的连线图,其计数状态序列为 1001→1000→0111→0110→0101→0100→0011→0010→0001→0000→1001→…

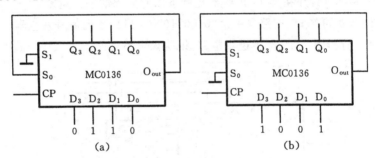

图 7.17 逻辑电路

例 7-5　分析图 7.18 所示逻辑电路,说明该电路功能。

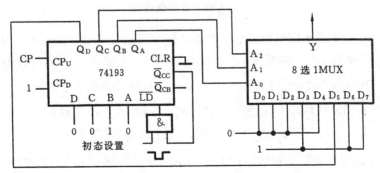

图 7.18 逻辑电路

解 由图 7.18 可知,该电路由一个 4 位同步可逆计数器 74193 和一个 8 路数据选择器构成。计数器被连接成一个模 14 加 1 计数器,其置数控制端 $\overline{LD}$ 受初态设置端和进位输出端 $\overline{Q_{CC}}$ 的控制,数据置入端 DCBA 为 0010。电路开始工作时通过一个负脉冲信号将计数器的初始状态置为 $Q_D Q_C Q_B Q_A = 0010$。然后在累加计数脉冲 CP_U 作用下进行加 1 计数,当计数器状态为 1111 时,在下一个脉冲作用下产生一个进位输出脉冲,再置入 0010,其状态变化序列为

$$0010 \to 0011 \to 0100 \to 0101 \to 0110 \to 0111 \to 1000$$
$$1111 \leftarrow 1110 \leftarrow 1101 \leftarrow 1100 \leftarrow 1011 \leftarrow 1010 \leftarrow 1001$$

8 路数据选择器的选择控制端 A_2、A_1、A_0 依次与计数器输出的低 3 位 Q_C、Q_B、Q_A 相连,数据输入端 D_0、D_1、D_2、D_4 接 0,D_3、D_6、D_7 接 1,D_5 接计数器高位输出 Q_D。当计数器状态依次变化时,8 路数据选择器在计数器低 3 位的控制下依次将相应数据输入端的值送输出端 Y。当计数器状态为 0010 时,$D_2 = 0$ 送至输出;状态为 0011 时,$D_3 = 1$ 送至输出……依此类推,将依次产生序列信号 01001100010111,该序列信号长度为 14,并在模 14 计数器控制下以此为周期进行重复。

由上述分析可知,该电路是一个"01001100010111"序列信号发生器。

例 7-6 分析图 7.19 所示逻辑电路,说明该电路功能。

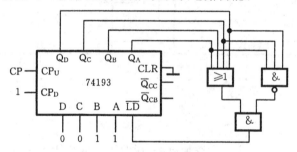

图 7.19 逻辑电路

解 图 7.19 所示逻辑电路由 1 个 4 位同步可逆计数器 74193 和 3 个逻辑门构成。计数器的 CLR 端接地,CP_D 端接 1,置数控制信号 $\overline{LD}$ 由计数器状态 $Q_D Q_C Q_B Q_A$ 经过 3 个逻辑门产生。当 $\overline{LD} = 0$ 时,计数器处于置数状态;当 $\overline{LD} = 1$ 时,计数器在加计数脉冲 CP_U 作用下进行加 1 计数。$\overline{LD}$ 的逻辑表达式如下:

$$\overline{LD} = (Q_D + Q_C + Q_B + Q_A) \cdot \overline{Q_D Q_C Q_A}$$

由 $\overline{LD}$ 的逻辑表达式可知,当 $Q_D Q_C Q_B Q_A = 0000$ 或者由 1100 变为 1101 时,$\overline{LD} = 0$,使计数器立即置入数据 DCBA = 0011,然后按加 1 计数工作。计数器的状态变化序列为

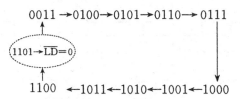

由此可见,该电路是一个余3码加1计数器。

例 7-7 图 7.20 所示的是一个由 4 位双向移位寄存器 74194 构成的分频器。分析该电路,列出状态转移表,画出时间图并指出该电路的分频系数。

解 在图 7.20 所示逻辑电路中,双向移位寄存器 74194 工作在右移串行数据输入方式,右移串行输入信号 D_R 即电路输出信号 Z,其逻辑表达式为

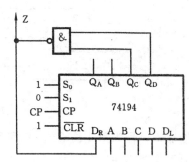

图 7.20 逻辑电路

$$Z=D_R=\overline{Q_C Q_D}$$

设初始状态 $Q_A Q_B Q_C Q_D = 0000$,根据 74194 的功能表及 D_R 的逻辑表达式,可列出该电路的状态转移表如表 7.3 所示。

表 7.3 状态转移表

现态				输入	次态			
Q_A	Q_B	Q_C	Q_D	D_R	Q_A^{n+1}	Q_B^{n+1}	Q_C^{n+1}	Q_D^{n+1}
0	0	0	0	1	1	0	0	0
1	0	0	0	1	1	1	0	0
1	1	0	0	1	1	1	1	0
1	1	1	0	1	1	1	1	1
1	1	1	1	0	0	1	1	1
0	1	1	1	0	0	0	1	1
0	0	1	1	1	0	0	0	1
0	0	0	1	1	1	0	0	0

根据状态转移表,可画出时间图如图 7.21 所示。

由时间图可知,该电路是一个分频系数为 7 的分频器。

利用移位寄存器构成的分频器应用很普遍,一般采用右移方式,并有一定的组成规律。若将寄存器的第 i 位输出求反,反馈到低位输入,则可构成分频系数 $K=2i$ 的分频器(偶数分频器);若将寄存器的第 i 位和 $i-1$ 位输出进行"与非"运算后反馈到低位输入,则可构成分频系数 $K=2i-1$ 的分频器(奇数分频器)。本例的

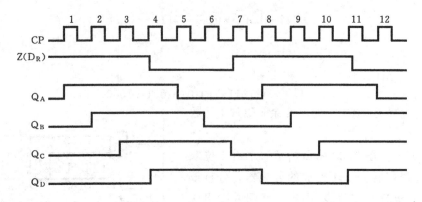

图 7.21 时间图

反馈输入信号为第 4 位输出 Q_D 和第 3 位输出 Q_C 进行"与非"运算($D_R = \overline{Q_D Q_C}$)，故分频系数 $K = 2 \times 4 - 1 = 7$。

例 7-8 试用集成定时器 5G555 构造一个振荡频率 $f = 150\text{kHz}$ 的多谐振荡器。并用双向移位寄存器 74194 对多谐振荡器的输出信号进行分频处理，产生频率为 37.5kHz 的方波信号。

解 题意要求利用 5G555 设计一个振荡频率 $f = 150\text{kHz}$ 的多谐振荡器，其输出驱动后级分频电路，以产生 37.5kHz 的方波信号。显然，振荡器输出脉冲的占空比应为 1/2。根据用 5G555 构成多谐振荡器的电路结构及参数计算方法，假定选用占空比可调的电路结构，可构造出满足给定要求的多谐振荡器如图 7.22 中的 (a) 所示。

图中，设 D_1、D_2 为理想二极管，调节 R_1 和 R_2，使 $R_1 = R_2 = 4.75\text{k}\Omega$，可得输出信号的振荡频率为

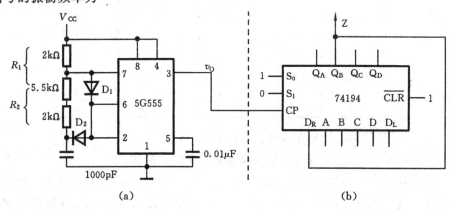

图 7.22 逻辑电路

$$f = \frac{1.43}{(R_1+R_2)C} = 150\text{kHz}$$

占空比为
$$Q = \frac{R_1}{R_1+R_2} = \frac{1}{2}$$

该输出信号作为后级分频电路的输入信号,接至分频器的 CP 端。由于要求输出的方波频率为 37.5kHz,所以,分频器的分频系数应为

$$K = \frac{150\text{kHz}}{37.5\text{kHz}} = 4$$

用 4 位双向移位寄存器 74194 构成的相应分频电路如图 7.22(b)所示。

设计该电路的**关键**是掌握用 5G555 构成多谐振荡器的电路结构与参数计算,以及用移位寄存器构成分频器的基本方法。

例 7-9 分析图 7.23 所示逻辑电路,设定时器 5G555 输出高电平为 5V,输出低电平为 0V;D 为理想二极管。试回答如下问题:

(1) 当开关置于位置 A 时,两个 5G555 各构成什么电路?计算输出信号 v_{O1} 和 v_{O2} 的频率 f_1 和 f_2。

(2) 当开关置于位置 B 时,两个 5G555 构成的电路有何关系?画出 v_{O1} 和 v_{O2} 的输出波形图。

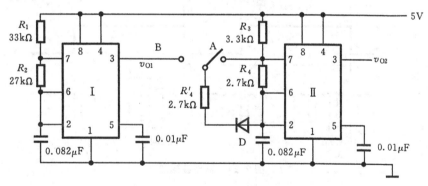

图 7.23 逻辑电路

解 分析图 7.23 所示电路中 5G555 片 I 和片 II 组成的电路结构、参数及连线,可得出如下结论。

(1) 当开关置于位置 A 时,两个定时器 5G555 各自构成一个多谐振荡器,输出信号 v_{O1} 和 v_{O2} 的频率计算如下。

对于振荡器 I:
$$T_{W1} \approx t_{H1} + t_{L1}$$
$$= 0.7(R_1+R_2)C + 0.7R_2C$$
$$= 3.44\text{ms} + 1.55\text{ms}$$

$$=4.99\text{ms}$$
$$f_1=\frac{1}{T_{W1}}=200.4\text{Hz}$$

对于振荡器Ⅱ：
$$T_{W2}\approx t_{H2}+t_{L2}$$
$$=0.7(R_3+R_4)C+0.7R'_4C$$
$$=0.344\text{ms}+0.155\text{ms}$$
$$=0.499\text{ms}$$
$$f_2=\frac{1}{T_{W2}}=2004\text{Hz}$$

由于两个振荡器的定时元件中电容值相同，而电阻值相差 10 倍，因此，振荡频率 $f_2=10f_1$。

（2）当开关置于位置 B 时，振荡器Ⅱ的工作状态受控于振荡器Ⅰ的输出 v_{O1}。当 $v_{O1}=5$V 时，二极管 D 截止，振荡器Ⅱ起振工作，振荡频率 $f_2=2004$Hz；当 $v_{O1}=0$V 时，二极管 D 导通，振荡器Ⅱ停振，$v_{O2}=5$V。v_{O1} 和 v_{O2} 的波形图如图 7.24 所示。

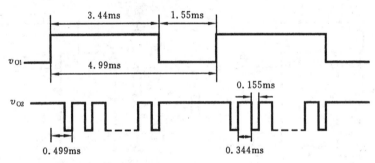

图 7.24　输出波形图

分析该电路的**关键**是当开关置于位置 B 时，振荡器Ⅰ对振荡器Ⅱ的控制作用，这一作用是通过二极管 D 传递的。只要分析出振荡器Ⅰ工作时，二极管 D 何时导通，何时截止，就可得知振荡器Ⅱ何时停振，何时起振，从而画出两个振荡器的输出波形图。

例 7-10　对于一个 8 位 D/A 转换器，其分辨率的百分数为多少？若最小输出电压增量为 0.02V，请问当输入代码为 01001101 时，输出电压 v_O 为多少伏？若某一系统中要求 D/A 转换器的精度小于 0.25%，请问能否用该 D/A 转换器？

解　该问题涉及 D/A 转换器的分辨率、最小输出电压增量及转换精度 3 种参数。

分辨率是指对最小数字量的分辨能力。通常用输入数字量的位数来表示，也

可用最小输出电压与最大输出电压之比的百分数表示。8 位 D/A 转换器的分辨率百分数为

$$\frac{1}{2^8-1} \times 100\% = 0.3922\%$$

最小输出电压增量是指对应于输入最小数字量的输出模拟电压值,即数字量每增加一个单位,输出模拟电压的增加量。当 8 位 D/A 转换器最小输出电压增量为 0.02V 时,输入代码 01001101 所对应的输出电压为

$$v_O = 0.02(2^6 + 2^3 + 2^2 + 2^0)\text{V} = 1.54\text{V}$$

转换精度取决于转换误差,通常用绝对精度衡量。绝对精度是指在输入端加对应满刻度数字量时,输出的实际值与理想值之差。一般该值低于最低有效位输出模拟电压的一半($<\frac{1}{2}A_{LSB}$)。当要求 D/A 转换器的精度小于 0.25% 时,只需其分辨率的百分数小于 0.5% 即可。所以,该 D/A 转换器满足给定系统的精度要求。

7.3 学习自评

7.3.1 自测练习

一、填空题

1. 并行加法器 74283 有_____个输入端,_____个输出端。
2. 译码器 74138 有_____个输出,对于输入变量的任何一种取值,有_____个输出的值为 1。
3. 4 路数据分配器有_____个选择控制端,_____个数据输出端。
4. 七段显示译码器 7448 有_____个输出端,分别对应七段显示器的_____。
5. 4 位二进制同步可逆计数器 74193 的输出端 $\overline{Q}_{CC}$ 为_____,输出端 $\overline{Q}_{CB}$ 为_____。
6. 4 位双向移位寄存器 74194 的输入端 S_0S_1 用于_____,当 S_0S_1 取值 01 时,电路实现_____功能。
7. 优先编码器 74148 可实现_____级优先编码,其输入、输出端的有效工作电平为_____。

8. 集成定时器 5G555 由 _____、_____、_____、_____ 和 _____ 5 部分组成。

9. A/D 转换器的功能是 _____，D/A 转换器的功能是 _____。

10. D/A 转换器的主要参数有 _____、_____、_____ 和 _____。

11. 常见集成 A/D 转换器按转换方法的不同可分为 _____、_____ 和 _____ 3 种类型。

12. D/A 转换器的分辨率取决于 _____，12 位 D/A 转换器 DAC1210 的分辨率百分数为 _____。

二、选择题

从下列各题的 4 个备选答案中选出 1 个或多个正确答案，并将其代号写在题中的括号内。

1. 下列中规模通用集成电路中，(　　)属于时序逻辑电路。
   A. 多路选择器 74153　　　　　B. 计数器 74193
   C. 并行加法器 74283　　　　　D. 寄存器 74194

2. 8 路数据选择器应有(　　)个选择控制端。
   A. 2　　　　B. 3　　　　C. 6　　　　D. 8

3. 译码器 74138 的使能端 $S_1 \overline{S}_2 \overline{S}_3$ 取值为(　　)时，处于禁止状态。
   A. 011　　　B. 100　　　C. 101　　　D. 010

4. 移位寄存器 74194 工作在并行数据输入方式时，$S_0 S_1$ 取值为(　　)。
   A. 00　　　B. 01　　　C. 10　　　D. 11

5. 集成定时器 5G555 工作在截止状态时，TH 和 $\overline{TR}$ 的输入电压值(　　)。
   A. $TH < \frac{2}{3} V_{CC}$，$\overline{TR} < \frac{1}{3} V_{CC}$　　　B. 均大于 $\frac{2}{3} V_{CC}$
   C. $TH > \frac{2}{3} V_{CC}$，$\overline{TR} < \frac{1}{3} V_{CC}$　　　D. 均小于 $\frac{1}{3} V_{CC}$

6. 集成 D/A 转换器 DAC0832 含有(　　)个寄存器。
   A. 1　　　　B. 2　　　　C. 3　　　　D. 4

三、判断改错题

判断各题正误，正确的在括号内记"√"；错误的在括号内记"×"并改正。

1. 并行加法器采用超前进位的目的是简化电路结构。　　　　　　　　(　　)
2. 译码器 74138 的 8 个输出分别对应由输入构成的 8 个最大项。　　　(　　)
3. 七段显示译码器 7448 能驱动七段显示器显示 7 个不同字符。　　　(　　)

4. 优先编码器74148的输入端 $\overline{I}_S\overline{I}_0 \sim \overline{I}_7$ 取值为001111111时,输出 $Q_C Q_B Q_A$ 的值为111。   (   )

5. 用移位寄存器和反馈逻辑电路构成序列信号发生器时,移位寄存器的级数 n 与序列周期 p 之间应满足关系 $2^n \geq p$。   (   )

6. 施密特触发器的回差特性是指输入信号作正向变化和负向变化时的阈值电平相同。   (   )

7. D/A转换器的建立时间是反映转换速度的一个参数。   (   )

8. 集成A/D转换器ADC0809是一种双积分型A/D转换器。 (   )

9. 由于DAC0832内部有两个寄存器,所以只能工作在双缓冲方式。(   )

10. 由于ADC0809有8个模拟量输入端,所以可以同时对8路模拟信号进行转换。   (   )

四、分析题

1. 分析图7.25所示逻辑电路,写出输出函数表达式,说明该电路功能。

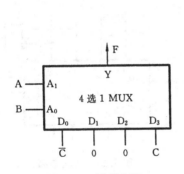

图7.25 逻辑电路

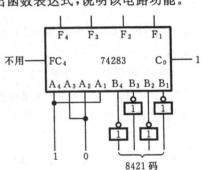

图7.26 逻辑电路

2. 分析图7.26所示逻辑电路,说明该电路功能。

3. 某微机I/O接口电路中的地址译码器如图7.27所求。分析该电路,用十六进制数写出 $\overline{Y}_0 \sim \overline{Y}_7$ 被选中时所对应的地址范围($A_7 \sim A_0$为地址码)。

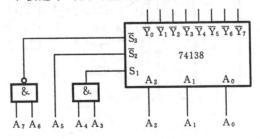

图7.27 逻辑电路

4. 将定时器 5G555 按图 7.28(a)所示连接,输入波形如图 7.28(b)所示。请画出定时器输出波形,并说明该电路相当于什么器件。

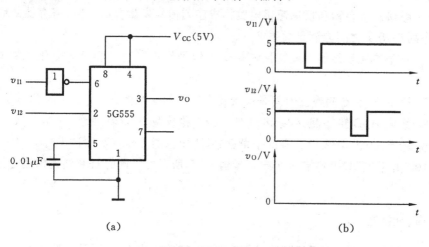

(a)   (b)

图 7.28 逻辑电路及输出波形图

5. 分析图 7.29 所示逻辑电路,说明该电路功能。

6. 某权电阻网络 D/A 转换器如图 7.30 所示。图中,当 $Q_i=1$ 时,相应模拟开关 S_i 置于位置 1;当 $Q_i=0$ 时,开关 S_i 置于位置 0。

(1) 求 v_O 与数字量 $Q_3Q_2Q_1Q_0$ 之间的关系式。

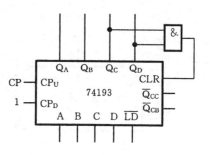

图 7.29 逻辑电路

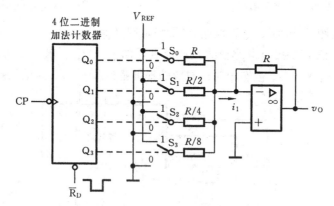

图 7.30 逻辑电路

(2) 若 $V_{REF}=-1V$,请求出 $Q_3Q_2Q_1Q_0=0001$ 和 1110 时,输出 v_O 的值。

(3) 设计数器初态为 0000,当输入连续计数脉冲时,试画出相应输出 v_O 的波形图。

五、设计题

1. 用两个 4 位二进制并行加法器设计一个用 8421 码表示的 1 位十进制加法器。

2. 用一片 3-8 译码器和必要的逻辑门实现下列逻辑函数：
$$F_1 = \overline{A}\overline{C} + AB\overline{C}$$
$$F_2 = \overline{A}\overline{B} + ABC$$
$$F_3 = AC + A\overline{B}$$

3. 试用 4 路数据选择器和必要的逻辑门实现余 3 码到 8421 码的转换。

4. 试用 4 位双向移位寄存器 74194 和必要的逻辑门设计一个 00011101 序列信号发生器。

5. 试用两片 4 位二进制同步可逆计数器 74193 构成一个模 $M=(100)_{10}$ 的加法计数器。

7.3.2 自测练习解答

一、填空题

1. 并行加法器 74283 有 <u>9</u> 个输入端,<u>5</u> 个输出端。

2. 译码器 74138 有 <u>8</u> 个输出,对于输入变量的任何一种取值,有 <u>7</u> 个输出的值为 1。

3. 4 路数据分配器有 <u>2</u> 个选择控制端,<u>4</u> 个数据输出端。

4. 七段显示译码器 74LS48 有 <u>7</u> 个输出端,分别对应七段显示器的<u>七段</u>。

5. 4 位二进制同步可逆计数器 74193 的输出端 $\overline{Q_{CC}}$ 为<u>进位</u>,输出端 $\overline{Q_{CB}}$ 为<u>借位</u>。

6. 4 位双向移位寄存器 74194 的输入端 S_0S_1 用于<u>工作方式选择</u>,当 S_0S_1 取值 01 时,电路实现<u>左移串行数据输入</u>功能。

7. 优先编码器 74148 可实现 <u>8</u> 级优先编码,其输入、输出端的有效工作电平为<u>低电平</u>。

8. 集成定时器 5G555 由<u>电阻分压器</u>、<u>电压比较器</u>、基本 RS 触发器、<u>放电三极管</u>和输出缓冲器 5 部分组成。

9. A/D 转换器的功能是将模拟量转换成数字量，D/A 转换器的功能是将数字量转换成模拟量。

10. D/A 转换器的主要参数有分辨率、非线性误差、绝对精度和建立时间。

11. 常见集成 A/D 转换器按转换方法的不同可分为并行比较型、逐次比较型和双积分型 3 种类型。

12. D/A 转换器的分辨率取决于数字量的位数，12 位 D/A 转换器 DAC1210 的分辨率百分数为 0.02%。

二、选择题

1. B,D　　2. B　　3. A,C,D　　4. D　　5. A　　6. B

三、判断改错题

1. × 并行加法器采用超前进位的目的是提高运算速度。

2. √

3. × 七段显示译码器 74LS48 能驱动七段显示器显示 16 个不同字符。

4. √

5. √

6. × 施密特触发器的回差特性是指输入信号作正向变化和负向变化时的阈值电平不同。

7. √

8. × 集成 A/D 转换器 ADC0809 是一种逐次比较型 A/D 转换器。

9. × 由于 DAC0832 内部有两个寄存器，所以可工作在双缓冲、单缓冲和直通方式。

10. × 由于 ADC0809 有 8 个模拟量输入端，因此可以根据地址选择从 8 路输入中选某一路模拟信号进行转换。

四、分析题

1. $F = \overline{ABC} + ABC$

该电路是一个 3 变量"一致性"电路。

2. 该电路的输出为 8421 码对 9 的补数。

3. 所对应的地址范围为 D8H～DFH。

4. 假定电路的初始输出为高，可画出输出波形如图 7.31 所示。该电路相当于一个基本 RS 触发器。

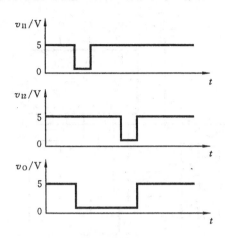

图 7.31 输出波形图

5. 该电路是一个模 M=12 的加法计数器。

6. 分析结果如下：

(1) 输出模拟电压 v_O 与输入数字量 $Q_3Q_2Q_1Q_0$ 之间的关系式为

$$v_O = -V_{REF}\sum_{i=0}^{3}2^iQ_i$$

(2) 当 $V_{REF}=-1V$ 时，$Q_3Q_2Q_1Q_0=0001$ 对应的输出电压 $v_O=1V$，$Q_3Q_2Q_1Q_0=1110$ 对应的输出电压 $v_O=14V$。

(3) 输出 v_O 的波形图如图 7.32 所示。

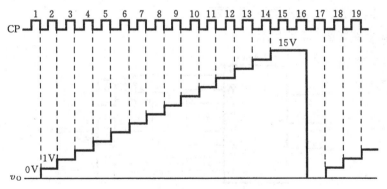

图 7.32 输出波形图

五、设计题

1. 逻辑电路如图 7.33 所示。

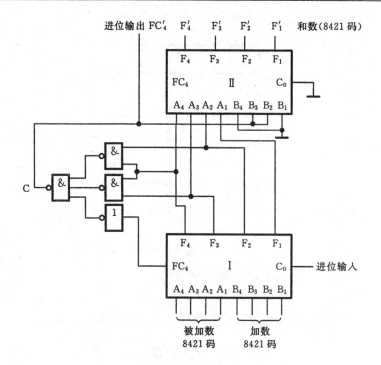

图 7.33　逻辑电路

2.　$F_1 = \overline{A}C + AB\overline{C} = \overline{\overline{m_0} \cdot \overline{m_2} \cdot \overline{m_6}}$

　　$F_2 = \overline{A}\overline{B} + ABC = \overline{\overline{m_0} \cdot \overline{m_1} \cdot \overline{m_7}}$

　　$F_3 = AC + A\overline{B} = \overline{\overline{m_4} \cdot \overline{m_5} \cdot \overline{m_7}}$

逻辑电路如图 7.34 所示。

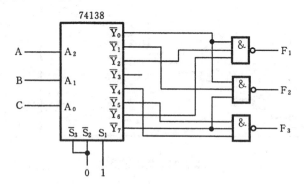

图 7.34　逻辑电路

3.　假定用 ABCD 表示余 3 码，WXYZ 表示 8421 码，可用 4 个 4 路数据选择器和 4 个逻辑门构造出该代码转换电路，其逻辑电路如图 7.35 所示。

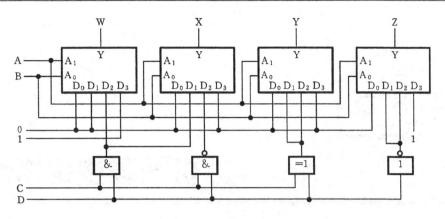

图 7.35 逻辑电路

4. 设寄存器初始状态 $Q_D Q_C Q_B = 101$,可设计出该序列发生器的逻辑电路如图 7.36 所示。图中,$S_0 S_1$ 开始为 11,置入初值,然后为 10,令其工作在右移串行输入方式。

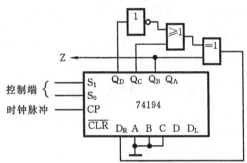

图 7.36 逻辑电路

5. 模 $M=(100)_{10}$ 的加法器逻辑电路如图 7.37 所示。

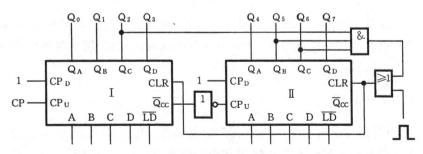

图 7.37 逻辑电路

第 8 章

可编程逻辑器件

知识要点

- PLD 的基本概念
- 常用 PLD 及其在逻辑设计中的应用
- ISP 技术

8.1 重点与难点

8.1.1 PLD 的基本概念

1. LSI 的类型

数字系统中常用的 LSI(大规模集成电路)可分为非用户定制电路(又称为通用集成电路)、全用户定制电路(又称为专用集成电路)和半用户定制电路 3 种类型。

2. PLD 的特点

PLD(可编程逻辑器件)属于半用户定制电路。它是 20 世纪 70 年代开始发展起来的一种新型大规模集成电路,其逻辑功能可由用户编程指定。PLD 具有结构灵活、性能优越、设计简单等特点。采用 PLD 进行数字系统逻辑设计,不仅可以使逻辑功能的实现变得灵活方便,而且可减小系统体积、降低成本、提高可靠性,是构成数字系统逻辑部件的理想器件。

3. PLD 的基本结构

基本结构：与门阵列加或门阵列。

与门阵列：接收外部输入变量，产生由输入变量组成的与项。

或门阵列：接收与门阵列输出的与项，产生用与或表达式表示的逻辑函数。

在基本结构的基础上，增加诸如输入缓冲器、输出寄存器、内部反馈、输出宏单元等，即可构成各种不同类型、不同规模的 PLD 器件。

4. PLD 的电路表示

PLD 的基本结构通常采用点阵表示。一般在线段的交叉处加"·"表示固定连接，在线段的交叉处加"×"表示可编程连接。

8.1.2 常用 PLD 及其在逻辑电路设计中的应用

常用 PLD 有 PROM、PLA、PAL、GAL 四种主要类型。

1. 可编程只读存储器 PROM

(1) 半导体存储器的类型

半导体存储器按功能可分为随机存取存储器 RAM 和只读存储器 ROM 两种类型。

RAM 既可读又可写，又称为读/写存储器。其优点是读、写方便，使用灵活；缺点是断电后信息不能保存，属于易失性存储器。

ROM 正常工作时只能读出，不能写入，一般用于保存固定不变的信息。ROM 的优点是断电后信息不会丢失，属于非易失性存储器。

往 ROM 中存入数据的过程称为**编程**。根据编程方法的不同，ROM 又可分为**掩膜编程 ROM**(简称 MROM)和用户**可编程 ROM**(简称 PROM)两类。前者的内容由厂家在芯片制作时利用掩膜技术写入，用户不能改变，通常又称为固定 ROM；后者的内容由用户根据需要在编程设备上写入，宜于实现各种逻辑功能，属于常用的可编程逻辑器件。

(2) PROM 的结构与类型

逻辑结构 由一个固定连接的与门阵列和一个可编程连接的或门阵列组成。与门阵列固定产生输入变量的全部最小项，或门阵列编程实现指定逻辑功能。

类型 根据电路结构不同，常用的 PROM 又可分为**一次编程**的 ROM (PROM)、**可抹可编程** ROM(EPROM)和**电可抹可编程** ROM(E^2PROM)三种类型。PROM 编程后的内容不能更改；EPROM 编程后的内容可通过紫外线照射进行整体擦除后重写；E²PROM 编程后的内容可用电进行整体擦除或者局部擦除后重写。

(3) PROM 在逻辑设计中的应用

PROM 可以用来实现任意组合逻辑电路的功能。用 PROM 进行逻辑设计的一般步骤如下：

① 列出真值表。根据设计要求，确定电路的输入变量和输出函数，并用真值表描述电路输出与输入的逻辑关系。

② 画出阵列图。将电路的输入变量作为 PROM 的输入，并将真值表中各变量取值下的函数值作为对 PROM 或门阵列进行编程的代码，画出阵列图。

③ 编程。挑选合适的 PROM 器件，利用编程硬、软件环境，实现指定功能。

用 PROM 进行逻辑设计时，实现的是逻辑函数的标准"与-或"表达式。其优点是设计简单、规整。缺点是与门阵列存在浪费，由于电路不是最简形式，故芯片面积没有得到充分利用。

2. 可编程逻辑阵列 PLA

(1) PLA 的逻辑结构

PLA 可分为组合 PLA 和时序 PLA 两种类型。

组合 PLA 的逻辑结构 由一个可编程连接的与门阵列和一个可编程连接的或门阵列组成。与门阵列编程产生用户安排的与项，或门阵列编程实现函数所需与项相或。

时序 PLA 的逻辑结构 时序 PLA 在组合 PLA 的基础上增加了一个触发器网络。触发器网络接受时钟脉冲、复位信号以及由或门阵列产生的激励函数，其输出状态反馈到与门阵列的输入，和输入变量一起产生输出函数和激励函数所需的与项。

(2) PLA 在逻辑设计中的应用

采用 PLA 可以实现任意组合逻辑电路和时序逻辑电路的功能。设计的一般步骤如下：

① 求出函数的最简"与-或"表达式。利用组合电路的真值表或时序电路的状态表，求出电路中各函数的最简"与-或"表达式。化简时应充分考虑各函数对与项的共享，力求减少不同与项的数目。

② 画出阵列图。根据各函数的最简"与-或"表达式，画出 PLA 的阵列图。

③ 编程。挑选合适的 PLA 器件，利用编程硬、软件环境，实现指定功能。

3. 可编程阵列逻辑 PAL

(1) PAL 的逻辑结构

PAL 的基本逻辑结构是一个可编程的与门阵列和一个固定连接的或门阵列。按照 PAL 的输出和反馈结构,通常可分为 5 种基本类型。

① 专用输出的基本门阵列结构。例如,PAL10H8 芯片。
② 带反馈的可编程 I/O 结构。例如,PLA16L8 芯片。
③ 带反馈的寄存器输出结构。例如,PAL16R8 芯片。
④ 加异或、带反馈的寄存器输出结构。例如,PAL16RP8 芯片。
⑤ 算术选通反馈结构。例如,PAL16A4 芯片。

(2) PAL 在逻辑设计中的应用

采用 PAL 可以很方便地实现各种组合逻辑电路和时序逻辑电路的功能。其设计过程与 PLA 类似。

4. 通用阵列逻辑 GAL

(1) GAL 的逻辑结构

GAL 器件由一个与门阵列、一个或门阵列以及一个输出逻辑宏单元 OLMC 组成。其中,门阵列的结构有两种类型,一种与 PAL 类似,即与门阵列可编程,而或门阵列是固定的;另一种与 PLA 类似,即与门阵列和或门阵列都是可编程的。输出逻辑宏单元可以通过结构控制字构成不同组态。

(2) GAL 的开发工具

GAL 的开发工具包括硬件开发工具和软件开发工具。硬件开发工具有编程器;软件开发工具有编程设计语言和相应的汇编或编译软件,例如 GALLAB 等。

(3) GAL 在逻辑设计中的应用

使用 GAL 器件可实现各种复杂的逻辑功能。通常,一片 GAL 芯片可代替 4 片～10 片中小规模数字集成电路,在数字系统逻辑设计中得到广泛使用。用 GAL 进行逻辑设计的一般步骤如下。

① 分析设计要求,确定对给定功能的逻辑描述。
② 选择合适的 GAL 器件,并对器件进行引脚分配。
③ 编写设计说明书。
④ 调用编译软件生成熔丝图文件和标准装载文件。
⑤ 硬件编程。

8.1.3 ISP 技术

ISP(在系统编程)是指可以在用户自己设计的目标系统上,为实现预定逻辑功能而对逻辑器件进行编程或改写。

1. 特点

ISP 技术的主要特点表现在:
① 实现了硬件设计软件化;
② 简化了设计与调试过程;
③ 有利于硬件现场升级;
④ 有利于降低系统成本,提高系统可靠性;
⑤ 器件制造工艺先进,工作速度快,功耗低,集成度高,使用寿命长。

2. ISP 器件的类型

常用的 ISP 器件有 ispLSI、ispGAL 和 ispGDS 三种类型。

ispLSI 具有集成度高、工作速度快、可靠性好、灵活方便等优点。广泛用于数据处理、图形处理、空间技术、通信、自动控制等领域。

ispGAL 具有传输时延短、工作速度快、输出单元容纳的乘积项多等优点。适宜于状态控制、数据处理、通信工程、测量仪器等。

ispGDS 采用 ISP 技术与开关矩阵相结合,具有在不拨动机械开关和不改变系统硬件的情况下,快速重构印刷电路板连接关系的独特功能。非常适合于重构目标系统的连接关系及高性能的信号分配与布线。

3. ispLSI 逻辑器件的结构

ispLSI 逻辑器件是基于与、或阵列结构的复杂 PLD 产品。芯片由全局布线区、通用逻辑块、输出布线区、输入/输出单元、巨块输出使能控制电路、时钟分配网络等主要功能块组成。

4. ISP 器件的开发软件

常用的 ISP 器件开发软件有 PDS 软件、Synario 软件和 ISP Synario System 软件。

5. 设计流程

采用 ISP 器件进行逻辑设计的一般步骤如下：

① 逻辑设计规划；

② 设计输入；

③ 设计检验；

④ 布局布线；

⑤ 逻辑模拟；

⑥ 熔丝图生成；

⑦ 下载编程。

以上步骤是在 ISP 器件开发的硬、软件环境下完成的。

8.2 例题精选

例 8-1 分析图 8.1 所示 PROM 阵列图。

(1) 指出该 PROM 的存储容量；

(2) 写出输出函数表达式，并说明该电路功能；

(3) 试画出改用 PLA 实现给定功能的阵列图。

解 图 8.1 给出了 1 个 3 输入 2 输出的 PROM 阵列图，图中与阵列固定产生 3 个输入变量的 8 个最小项，或阵列编程实现两个 3 变量函数。

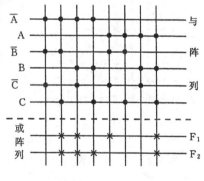

图 8.1 PROM 阵列图

(1) PROM 的容量是用它的单元数和每个单元存储代码的位数来衡量的。该 PROM 的与阵列对 3 个输入变量进行译码，可选中 8 个不同的单元，每个单元存放了两位代码。所以，存储容量为 $8 \times 2b$。

(2) 根据阵列图，可写出输出函数表达式为

$$F_1(A,B,C) = \sum m(1,2,4,7)$$

$$F_2(A,B,C) = \sum m(1,2,3,7)$$

由输出函数表达式可知，该电路实现了全减器的功能。图中，A 为被减数，B

为减数，C 为来自低位的借位，F_1 为本位差，F_2 为向高位的借位。

(3) 采用 PLA 实现该电路功能时，由于 PLA 的与阵列和或阵列都是可编程的，所以，设计时应按多输出函数化简方法，求出函数的最简"与-或"表达式，力争表达式中包含的不同与项数目达到最少。

用卡诺图分别对 F_1 和 F_2 进行化简，可得最简"与-或"表达式为

$$F_1 = \overline{A}\,\overline{B}C + \overline{A}B\,\overline{C} + A\,\overline{B}\,\overline{C} + ABC$$
$$F_2 = \overline{A}B + \overline{A}C + BC$$

其中，F_1 的最简"与-或"式即为标准"与-或"式，两个函数中共包含 7 个不同与项。

由于该电路两个输出函数的标准"与-或"表达式 8.1 和式 8.2 中包含 3 个相同最小项 m_1、m_2 和 m_7，所以，若不对 F_2 化简，反而可使两个输出函数中只包含 5 个不同与项。显然，该问题中输出函数的标准"与-或"式即整体的最简"与-或"式。据此，可画出用 PLA 实现给定电路功能的阵列图如图 8.2 所示。

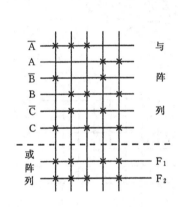

图 8.2 PLA 阵列图

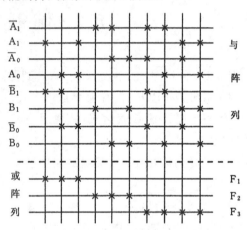

图 8.3 PLA 阵列图

例 8-2 分析图 8.3 所示 PLA 阵列图。设 A_1A_0，B_1B_0 均为两位二进制数，说明该电路功能。

解 根据图 8.3 所示 PLA 阵列图，可直接写出输出函数表达式如下：

$$F_1 = A_1\,\overline{B}_1 + A_0\,\overline{B}_1\,\overline{B}_0 + A_1A_0\,\overline{B}_0$$
$$F_2 = \overline{A}_1 B_1 + \overline{A}_1\,\overline{A}_0 B_0 + \overline{A}_0 B_1 B_0$$
$$F_3 = \overline{A}_1\,\overline{A}_0\,\overline{B}_1\,\overline{B}_0 + \overline{A}_1 A_0\,\overline{B}_1 B_0 + A_1\,\overline{A}_0 B_1\,\overline{B}_0 + A_1 A_0 B_1 B_0$$

由输出函数表达式可列出真值表如表 8.1 所示。

由表 8.1 所示真值表可知，该电路是一个数值比较器。当两位二进制数 A_1A_0 > B_1B_0 时，输出函数 F_1 为 1；当 A_1A_0 < B_1B_0 时，输出函数 F_2 为 1；当 $A_1A_0 = B_1B_0$

表 8.1 真值表

A_1	A_0	B_1	B_0	F_1	F_2	F_3
0	0	0	0	0	0	1
0	0	0	1	0	1	0
0	0	1	0	0	1	0
0	0	1	1	0	1	0
0	1	0	0	1	0	0
0	1	0	1	0	0	1
0	1	1	0	0	1	0
0	1	1	1	0	1	0
1	0	0	0	1	0	0
1	0	0	1	1	0	0
1	0	1	0	0	0	1
1	0	1	1	0	1	0
1	1	0	0	1	0	0
1	1	0	1	1	0	0
1	1	1	0	1	0	0
1	1	1	1	0	0	1

时,输出函数 F_3 为 1。

例 8-3 用 EPROM 设计一个序列信号发生器,该电路循环产生图 8.4 所示序列信号。

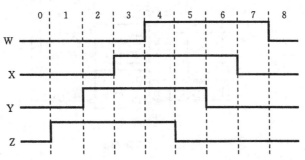

图 8.4 序列信号波形图

解 由图 8.4 可知,序列信号 WXYZ 共有 8 组不同取值,其输出序列依次为 0000→0001→0011→0111→1111→1110→1100→1000→0000→…

根据题意,可选用一个容量为 8×4b 的 EPROM,将上述 8 组代码依次存入 8 个存储单元。并用一个3位同步加1计数器控制EPROM的地址输入端,使其地址按序进行周期性变化,以便逐个访问 8 个不同单元,循环读出 8 组代码。假定 3 位加 1 计数器的输出为 A、B、C,可画出该序列信号发生器的逻辑框图如图 8.5(a)所示,其 EPROM 的阵列图如图 8.5(b)所示。

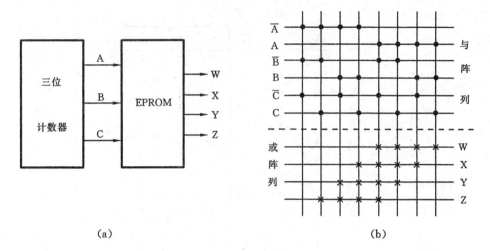

图 8.5 序列信号发生器

例 8-4 分析图 8.6 所示时序 PLA 的阵列图,说明该电路功能。

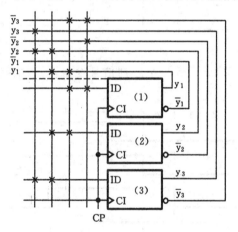

图 8.6 PLA 阵列图

解 由图 8.6 可知,该电路是 1 个由 3 个 D 触发器作为存储元件的同步时序逻辑电路。电路的激励函数表达式如下:

$$D_3 = y_3 y_2 + y_2 y_1$$
$$D_2 = \bar{y}_3 y_1 + y_2 y_1$$
$$D_1 = \bar{y}_3 \bar{y}_2 + \bar{y}_3 y_1$$

根据激励函数表达式和 D 触发器的功能表可作出该电路的状态表如表 8.2 所示,状态图如图 8.7 所示。

由状态图可知,该电路是一个具有自启动功能的同步模 6 计数器。

表 8.2 状态表

现态			次态		
y_3	y_2	y_1	y_3^{n+1}	y_2^{n+1}	y_1^{n+1}
0	0	0	0	0	1
0	0	1	0	1	1
0	1	0	0	0	0
0	1	1	1	1	1
1	0	0	0	0	0
1	0	1	0	0	0
1	1	0	1	0	0
1	1	1	1	1	0

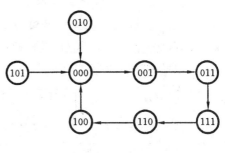

图 8.7 状态图

例 8-5 某同步时序逻辑电路有一个输入 x 和一个输出 Z,其二进制状态表如表 8.3 所示。试用 PLA 和 T 触发器实现该电路功能。

表 8.3 状态表

现态		次态 $y_2^{n+1}y_1^{n+1}$/输出 Z	
y_2	y_1	x=0	x=1
0	0	00/0	10/0
0	1	00/0	01/1
1	0	00/0	01/0
1	1	00/0	00/0

解 根据表 8.3 所示二进制状态表和 T 触发器激励表,可求出该电路的激励函数和输出函数表达式:

$$T_2 = x\bar{y}_1 + y_2 \qquad T_1 = \bar{x}y_1 + xy_2 \qquad Z = x\bar{y}_2 y_1$$

据此,可画出用 PLA 和 T 触发器实现该电路功能的阵列逻辑如图 8.8 所示。

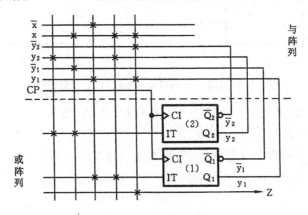

图 8.8 阵列逻辑图

例 8-6 试用 PAL16L8 实现优先编码器 74148 的逻辑功能。

解 优先编码器 74148 的逻辑符号如图 8.9(a) 所示。它接收 8 个输入 $\bar{I}_0 \sim \bar{I}_7$,经优先编码后从 $\overline{Q}_C \overline{Q}_B \overline{Q}_A$ 输出相应二进制码,有效工作电平为低电平。$\bar{I}_S$ 为允许输入端,O_S 为允许输出端,$\overline{O}_{Ex}$ 为编码群输出端。

各输出端的逻辑表达式如下:

$$O_S = \overline{\bar{I}_S \cdot \bar{I}_0 \cdot \bar{I}_1 \cdot \bar{I}_2 \cdot \bar{I}_3 \cdot \bar{I}_4 \cdot \bar{I}_5 \cdot \bar{I}_6 \cdot \bar{I}_7}$$

$$\overline{O}_{Ex} = \bar{I}_S + \overline{I_S \cdot \bar{I}_0 \cdot \bar{I}_1 \cdot \bar{I}_2 \cdot \bar{I}_3 \cdot \bar{I}_4 \cdot \bar{I}_5 \cdot \bar{I}_6 \cdot \bar{I}_7}$$

$$= \bar{I}_S + \overline{O}_S$$

$$= \overline{I_S \cdot O_S}$$

$$\overline{Q}_C = \overline{I_S \cdot I_7 + I_S \cdot I_6 + I_S \cdot I_5 + I_S \cdot I_4}$$

$$\overline{Q}_B = \overline{I_S \cdot I_7 + I_S \cdot I_6 + I_S \cdot I_3 \cdot \bar{I}_4 \cdot \bar{I}_5 + I_S \cdot I_2 \cdot \bar{I}_4 \cdot \bar{I}_5}$$

$$\overline{Q}_A = \overline{I_S \cdot I_7 + I_S \cdot I_5 \cdot \bar{I}_6 + I_S \cdot I_3 \cdot \bar{I}_4 \cdot \bar{I}_6 + I_S \cdot I_1 \cdot \bar{I}_2 \cdot \bar{I}_4 \cdot \bar{I}_6}$$

PAL16L8 的引脚排列如图 8.9(b) 所示。

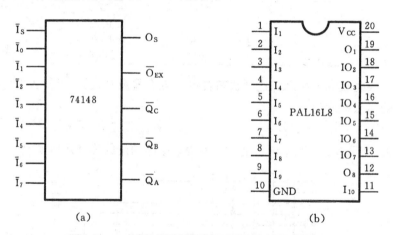

图 8.9 74148 的逻辑符号和 PAL16L8 的引脚排列

假定 PAL16L8 的 $I_1 \sim I_8$ 作为 74148 的 $\bar{I}_0 \sim \bar{I}_7$,I_9 作为 74148 的 $\bar{I}_S$,$IO_2 \sim IO_6$ 依次作为 74148 的 $O_S, \overline{O}_{Ex}, \overline{Q}_C, \overline{Q}_B, \overline{Q}_A$。

根据 74148 的输出函数表达式,可画出用 PAL16L8 实现优先编码器 74148 功能的阵列逻辑图如图 8.10 所示。

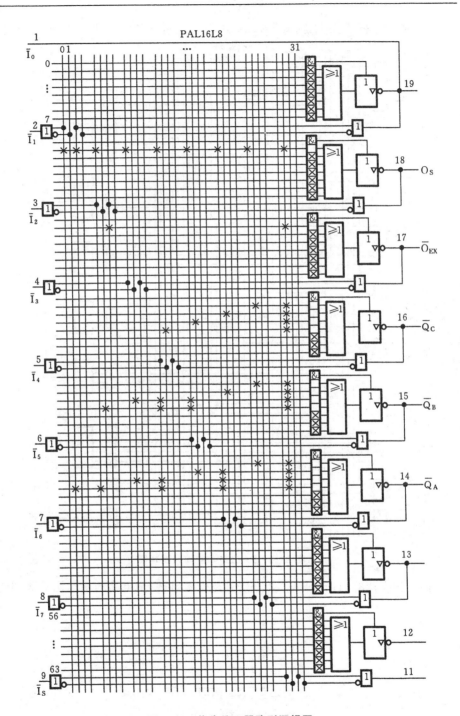

图 8.10 优先编码器阵列逻辑图

例 8-7 分析图 8.11 所示 PAL12H6 阵列逻辑图，指出该电路实现何功能。

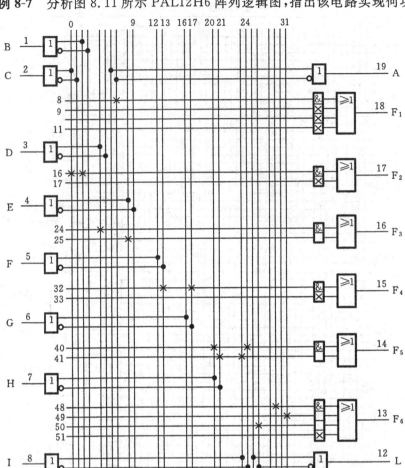

图 8.11　PAL12H6 的阵列逻辑图

解　根据图 8.11 所示 PAL12H6 阵列逻辑图，可写出电路的输出函数表达式如下：

$$F_1 = \overline{A}$$
$$F_2 = B \cdot C$$
$$F_3 = D + E$$
$$F_4 = \overline{F} \cdot \overline{G} = \overline{F + G}$$
$$F_5 = H\overline{I} + \overline{H}I = H \oplus I$$
$$F_6 = \overline{J} + \overline{K} + \overline{L} = \overline{J \cdot K \cdot L}$$

由此可见,该电路实现了反相器、与门、或门、或非门、异或门和与非门的功能。

例 8-8 试用 GAL 为 PC 微机设计一个在规定地址范围内,允许数据经过 74LS245 传送,且能对数据流向进行控制的地址译码电路。要求 I/O 端口地址范围分别为 300H~31FH,340H~35FH;存储器地址范围为 0D0000H~0EFFFFH。

解 对给定设计要求进行认真分析后可知,该地址译码电路共需接收 13 个输入信号,其中 8 个地址输入信号 A_{19}~A_{16}、A_9、A_8、A_7、A_5 和 5 个控制信号 $\overline{IOR}$、$\overline{IOW}$、AEN、$\overline{MEMR}$、$\overline{MEMW}$,经译码后产生两个输出信号 $\overline{G}$(传输通路控制)和 DIR(传输方向控制)。其输出函数表达式为

$$\overline{G} = \overline{IOR} \cdot \overline{AEN} \cdot A_9 A_8 \overline{A_7} \overline{A_5} + \overline{IOW} \cdot \overline{AEN} A_9 A_8 \overline{A_7} \overline{A_5}$$
$$+ \overline{MEMR} A_{19} A_{18} \overline{A_{17}} A_{16} + \overline{MEMW} A_{19} A_{18} \overline{A_{17}} A_{16}$$
$$+ \overline{MEMR} A_{19} A_{18} \overline{A_{17}} \overline{A_{16}} + \overline{MEMW} A_{19} A_{18} \overline{A_{17}} \overline{A_{16}}$$

$$DIR = IOR \cdot MEMR$$

该电路的逻辑框图如图 8.12 所示。

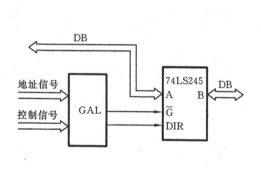

图 8.12 逻辑框图

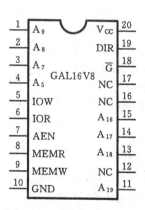

图 8.13 GAL16V8 引脚分配

根据该电路的输入、输出端数目,可选用 GAL16V8 芯片实现指定功能。对 GAL16V8 的引脚分配如图 8.13 所示。

按照 FM 软件要求,写出设计说明书。调用 FM·EXE 处理后,所生成的设计源文件如文件 1 所示,熔丝图文件如文件 2 所示,标准装载文件如文件 3 所示。

文件 1:DECODER.LST 源文件
```
GAL16V8              ;DEVICE NAME
ADDRESS DECODER      ;USE
OY JAN. 8 2000       ;DESIGNER
DECODER              ;SIGNATURE

XA9 XA8 XA7 XA5 XIOW XIOR XAEN XMEMR XMEMW
  GND                                          ;PIN NAME
```

XA19 NC XA18 XA17 XA16 NC NC G DIR VCC   ;PIN NAME

G. OE=VCC   ;
/G=/XIOR * /XAEN * XA9 * XA8 * /XA7 * /XA5+
   /XIOW * /XAEN * XA9 * XA8 * /XA7 * /XA5+
   /XMEMR * XA19 * XA18 * /XA17 * XA16+
   /XMEMW * XA19 * XA18 * /XA17 * XA16+
   /XMEMR * XA19 * XA18 * XA17 * /XA16+
   /XMEMW * XA19 * XA18 * XA17 * /XA16   ;CONTROL PERMITED
                                           ADDRESS

DIR. OE=VCC
DIR=XIOR * XMEMR   ;CONTROL DATA DIRECTION
DESCRIPTION   ;KEY WORD

THIS BITMAP ILLUSTRATES THAT IT PERMITS DATA I/O IF ADDRESS IS I/O ADDRESS 300H~31FH, 340H~34FH, 350H~35FH, OR MEM ADDRESS IS D0000H-EFFFFH. AT THIS MOMENT $\overline{G}$ IS LOW. DIR PIN CONTROL 74LS245 DATA DIRECTION.

文件2：DECODER.PLT 熔丝图文件

GAL16V8   ;DEVICE NAME
ADDRESS DECODER   ;
OY JAN. 8 2000   ;
DECODER   ;SIGNATURE
Array Input pin   1 1 1 1 1 1 1
                  2 1 3 8 4 7 5 6 6 5 7 4 8 3 9 1

Polarity Fuse-
AC1 Fuse-
  Output Pin 19 Row 0   -
  Output Pin 19 Row 1   - - - - - - - - - - - - - - - -X- - - - - -X- - - - - -
  Output Pin 19 Row 2   XXXXXXXXXXXXXXXXXXXXXXXXXXXXXXXX
  Output Pin 19 Row 3   XXXXXXXXXXXXXXXXXXXXXXXXXXXXXXXX
  Output Pin 19 Row 4   XXXXXXXXXXXXXXXXXXXXXXXXXXXXXXXX
  Output Pin 19 Row 5   XXXXXXXXXXXXXXXXXXXXXXXXXXXXXXXX
  Output Pin 19 Row 6   XXXXXXXXXXXXXXXXXXXXXXXXXXXXXXXX
  Output Pin 19 Row 7   XXXXXXXXXXXXXXXXXXXXXXXXXXXXXXXX
Polarity Fuse X
AC1 Fuse-
  Output Pin 18 Row 0   -
  Output Pin 18 Row 1   X- X - -X- - - X- - - - - - - X- - -X- - - - - - - - - -
  Output Pin 18 Row 2   X- X - -X- - - X- - -X- - - - - - - X- - - - - - - - - -
  Output Pin 18 Row 3   - - - - - - - - - - - - - - - - - - X- - - -X- XX- - - X-
  Output Pin 18 Row 4   - - - - - - - - - - - - - - - - - - X- - - -X- - X- - XX
  Output Pin 18 Row 5   - - - - - - - - - - - - - - - - - - X- -X- - -XX- - -X-

Output Pin 18 Row 6   ------------------X--X---X--XX-
Output Pin 18 Row 7   XXXXXXXXXXXXXXXXXXXXXXXXXXXXXXXX
Polarity Fuse X
AC1 Fuse-
Output Pin 17 Row 0   XXXXXXXXXXXXXXXXXXXXXXXXXXXXXXXX
Output Pin 17 Row 1   XXXXXXXXXXXXXXXXXXXXXXXXXXXXXXXX
Output Pin 17 Row 2   XXXXXXXXXXXXXXXXXXXXXXXXXXXXXXXX
Output Pin 17 Row 3   XXXXXXXXXXXXXXXXXXXXXXXXXXXXXXXX
Output Pin 17 Row 4   XXXXXXXXXXXXXXXXXXXXXXXXXXXXXXXX
Output Pin 17 Row 5   XXXXXXXXXXXXXXXXXXXXXXXXXXXXXXXX
Output Pin 17 Row 6   XXXXXXXXXXXXXXXXXXXXXXXXXXXXXXXX
Output Pin 17 Row 7   XXXXXXXXXXXXXXXXXXXXXXXXXXXXXXXX
Polarity Fuse X
AC1 Fuse-
Output Pin 16 Row 0   XXXXXXXXXXXXXXXXXXXXXXXXXXXXXXXX
Output Pin 16 Row 1   XXXXXXXXXXXXXXXXXXXXXXXXXXXXXXXX
Output Pin 16 Row 2   XXXXXXXXXXXXXXXXXXXXXXXXXXXXXXXX
Output Pin 16 Row 3   XXXXXXXXXXXXXXXXXXXXXXXXXXXXXXXX
Output Pin 16 Row 4   XXXXXXXXXXXXXXXXXXXXXXXXXXXXXXXX
Output Pin 16 Row 5   XXXXXXXXXXXXXXXXXXXXXXXXXXXXXXXX
Output Pin 16 Row 6   XXXXXXXXXXXXXXXXXXXXXXXXXXXXXXXX
Output Pin 16 Row 7   XXXXXXXXXXXXXXXXXXXXXXXXXXXXXXXX

文件3：DECODER.JED编程代码文件

```
* L0
11111111111111111111111111111111
11111111111111101111111101111111
00000000000000000000000000000000
00000000000000000000000000000000
00000000000000000000000000000000
00000000000000000000000000000000
00000000000000000000000000000000
00000000000000000000000000000000
11111111111111111111111111111111
01011011101111110111011111111111
01011011101110111111101111111111
11111111111111110111100111101101
11111111111111110111101111001001
11111111111111110110110011101101
11111111111111110110110111011001
00000000000000000000000000000000
00000000000000000000000000000000
```

```
00000000000000000000000000000000
00000000000000000000000000000000
00000000000000000000000000000000
00000000000000000000000000000000
00000000000000000000000000000000
00000000000000000000000000000000
00000000000000000000000000000000
00000000000000000000000000000000
00000000000000000000000000000000
00000000000000000000000000000000
00000000000000000000000000000000
00000000000000000000000000000000
10000000
*L2120
11111111111111111111111111111111111111111111111111111111111111111111
*98BE
```

利用 GAL 编程软件和编程器将·JED 文件中的编程代码写入 GAL16V8，即可得到完成指定功能的地址译码电路。

8.3　学　习　自　评

8.3.1　自测练习

一、填空题

1. 常用的 LSI 器件可分为_____、_____和_____ 3 种类型，PLD 器件属于_____。

2. PLD 器件的基本结构包括_____和_____两部分。

3. 常用的 PLD 器件有_____、_____、_____和_____ 4 种类型。

4. 半导体存储器按功能可分为_____和_____两种类型，其中_____在电源掉电后信息不会丢失。

5. 用户可编程 ROM 有_____、_____和_____ 3 种类型，其中_____的编程是一次性的。

6. 时序 PLA 由_____、_____和_____ 3 部分组成。

7. PAL 器件按其输出和反馈结构，可分为_____、_____、_____、

_____和_____5 种类型。

8. PROM 的与门阵列是_____,或门阵列是_____;PLA 的与门阵列是_____,或门阵列是_____;PAL 的与门阵列是_____,或门阵列是_____。

9. GAL 器件由_____、_____和_____3 个主要部分组成。

10. GAL 的 OLMC 可以有_____、_____、_____、_____和_____5 种组态。

11. 常用的 ISP 器件有_____、_____和_____3 种类型。

12. ispLSI 器件包含_____、_____、_____、_____和_____等主要功能块。

二、选择题

从下列各题的 4 个备选答案中选出 1 个或多个正确答案,并将其代号写在题中的括号内。

1. 逻辑器件(　　)属于非用户定制电路。
   A. 逻辑门　　B. GAL　　C. PLA　　D. 触发器

2. 半导体存储器(　　)的内容在掉电后不会丢失。
   A. MROM　　B. RAM　　C. EPROM　　D. E^2PROM

3. EPROM 是指(　　)。
   A. 随机读/写存储器　　　　B. 只读存储器
   C. 可擦可编程只读存储器　　D. 电可擦可编程只读存储器

4. PAL 是指(　　)。
   A. 可编程逻辑阵列　　B. 可编程阵列逻辑
   C. 通用阵列逻辑　　　D. 只读存储器

5. 用 PROM 进行逻辑设计时,应将逻辑函数表达式表示成(　　)。
   A. 最简"与-或"表达式　　B. 最简"或-与"表达式
   C. 标准"与-或"表达式　　D. 标准"或-与"表达式

6. 用 PLA 进行逻辑设计时,应将逻辑函数表达式变换成(　　)。
   A. 异或表达式　　　　　　B. 与非表达式
   C. 最简"与-或"表达式　　D. 标准"或-与"表达式

7. GAL 是指(　　)。
   A. 专用集成电路　　B. 可编程阵列逻辑
   C. 通用集成电路　　D. 通用阵列逻辑

8. GAL16V8 的最多输入/输出端个数为(　　)。

A. 8 输入 8 输出　　　　　　　B. 10 输入 10 输出
　　C. 16 输入 8 输出　　　　　　 D. 16 输入 1 输出
9. ispLSI 器件中的 GLB 是指(　　)。
　　A. 全局布线区　　　　　　　　B. 通用逻辑块
　　C. 输出布线区　　　　　　　　D. 输出控制单元
10. SYNARIO 是一种(　　)。
　　A. 时钟信号　　　　　　　　　B. 布线软件
　　C. 通用电子设计工具软件　　　D. 绘图工具

三、判断改错题

判断下列各题正误,正确的在括号内记"√",错误的在括号内记"×"并改正。
1. PLA 的与门阵列是可编程的,或门阵列是固定的。　　　　　　　(　　)
2. 用 PROM 实现 4 位二进制码到 Gray 码的转换时,要求 PROM 的容量为 4×4b。　　　　　　　　　　　　　　　　　　　　　　　　　　　　(　　)
3. 逻辑设计时,采用 PLD 器件比采用通用逻辑器件更加灵活方便。(　　)
4. 用 GAL 器件既可实现组合电路功能,又可实现时序电路功能。　(　　)
5. ispLSI 系列器件是基于可编程数字开关的复杂 PLD 产品。　　　(　　)

四、分析题

1. 分析图 8.14 所示 PROM 阵列图,写出输出函数表达式,说明该电路功能。
2. 分析图 8.15 所示 PLA 阵列图,写出输出函数表达式,说明该电路功能。

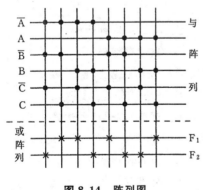
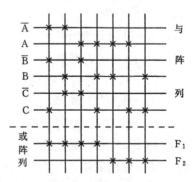

图 8.14　阵列图　　　　　　　　　图 8.15　阵列图

3. 分析图 8.16 所示 PLA 阵列逻辑图,说明该电路功能。
4. 图 8.17 所示是一个用 PROM 和 D 触发器构成的时序逻辑电路,试作出该电路的状态表和状态图,说明该电路功能。

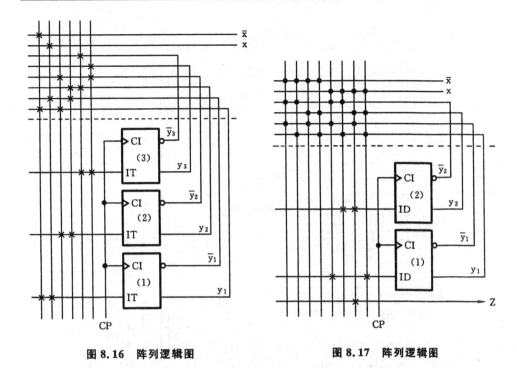

图 8.16 阵列逻辑图 图 8.17 阵列逻辑图

5. 分析图 8.18 所示 PAL16H8 阵列逻辑图,写出输出函数表达式,并说明该电路功能。

五、设计题

1. 用 PROM 设计一个 3 位二进制数平方器,要求指出所需容量并画出阵列图。

2. 用 PLA 设计一个 2 位二进制数加法器。设两个 2 位二进制数分别为 $A=A_1A_0$,$B=B_1B_0$,相加产生的"和"为 S_1S_0,进位为 C,试写出输出函数表达式,并画出阵列图。

3. 用 PLA 实现 4 位二进制码到 Gray 码的转换。

4. 用 PLA 和 D 触发器设计一个三进制可逆计数器。当 x=1 时,实现加 1 计数;当 x=0 时,实现减 1 计数。当计数中产生进位或借位时,电路输出 Z 为 1,否则 Z 为 0。

5. 用 GAL16V8 实现基本 R-S 触发器、D 触发器、T 触发器和 J-K 触发器的功能,要求画出阵列逻辑图。

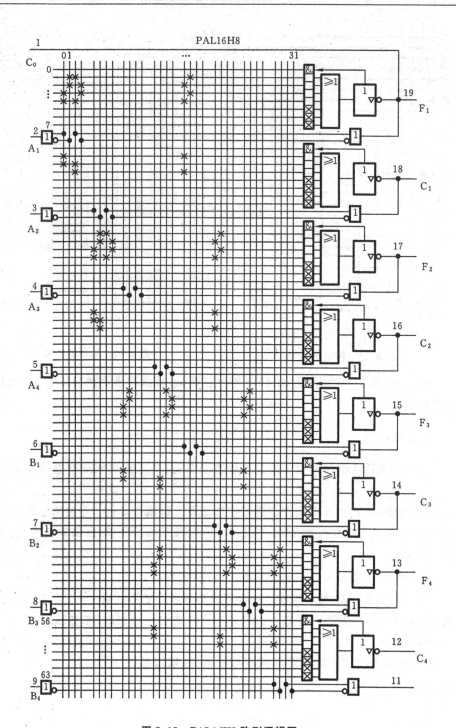

图 8.18　PAL16H8 阵列逻辑图

8.3.2 自测练习解答

一、填空题

1. 常用的 LSI 器件可分为<u>非用户定制电路</u>、<u>全用户定制电路</u>和<u>半用户定制电路</u> 3 种类型，PLD 器件属于<u>半用户定制电路</u>。

2. PLD 器件的基本结构包括<u>与门阵列</u>和<u>或门阵列</u>两部分。

3. 常用的 PLD 器件有<u>PROM</u>、<u>PLA</u>、<u>PAL</u> 和 <u>GAL</u> 4 种类型。

4. 半导体存储器按功能可分为 <u>RAM</u> 和 <u>ROM</u> 两种类型，其中 <u>ROM</u> 在电源掉电后信息不会丢失。

5. 用户可编程 ROM 有 <u>PROM</u>、<u>EPROM</u> 和 <u>E^2PROM</u> 3 种类型，其中 <u>PROM</u> 的编程是一次性的。

6. 时序 PLA 由<u>与门阵列</u>、<u>或门阵列</u>和<u>触发器网络</u> 3 部分组成。

7. PAL 器件按其输出和反馈结构，可分为<u>专用输出的基本门阵列结构</u>、<u>带反馈的可编程 I/O 结构</u>、<u>带反馈的寄存器输出结构</u>、<u>加"异或"带反馈的寄存器输出结构</u>和<u>算术选通反馈结构</u> 5 种类型。

8. PROM 的与门阵列是<u>固定</u>的，或门阵列是<u>可编程</u>的；PLA 的与门阵列是<u>可编程</u>的，或门阵列是<u>可编程</u>的；PAL 的与门阵列是<u>可编程</u>的，或门阵列是<u>固定</u>的。

9. GAL 器件由<u>与门阵列</u>、<u>或门阵列</u>和<u>输出逻辑宏单元(OLMC)</u> 3 个主要部分组成。

10. GAL 的 OLMC 可以有<u>专用输入方式</u>、<u>专用组合型输出方式</u>、<u>组合型输出方式</u>、<u>寄存器模式下的组合逻辑输出方式</u>和<u>寄存器型输出方式</u> 5 种组态。

11. 常用的 ISP 器件有<u>ispLSI</u>、<u>ispGAL</u> 和 <u>ispGDS</u> 3 种类型。

12. ispLSI 器件包含<u>全局布线区(GRP)</u>、<u>通用逻辑块(GLB)</u>、<u>输出布线区(ORP)</u>、<u>输入/输出单元(IOC)</u>、巨块输出使能控制电路和<u>时钟分配网络</u>等主要功能块。

二、选择题

1. A、D　　2. A、C、E　　3. C　　4. B　　5. C
6. C　　　7. D　　　　8. C　　9. B　　10. C

三、判断改错题

1. ×　PLA 的与门阵列和或门阵列都是可编程的。

2. × 用 PROM 实现 4 位二进制码到 Gray 码的转换时,要求 PROM 的容量为 $2^4 \times 4b$。

3. √

4. √

5. × ispLSI 系列器件是基于与、或阵列结构的复杂 PLD 产品。

四、分析题

1. $F_1 = \overline{A}\,\overline{B}C + \overline{A}B\,\overline{C} + A\,\overline{B}\,\overline{C} + ABC$

   $F_2 = \overline{A}\,\overline{B}\,\overline{C} + \overline{A}BC + A\,\overline{B}C + AB\,\overline{C}$

   该电路是一个 3 位二进制代码的奇偶检测电路。当 3 位代码中含 1 的个数为奇数时,F_1 为 1;当 3 位代码中含 1 的个数为偶数时,F_2 为 1。

2. $F_1 = \overline{A}\,\overline{B}C + \overline{A}B\,\overline{C} + A\,\overline{B}\,\overline{C} + ABC$

   $F_2 = AB + AC + BC$

   假定 A、B 为 1 位二进制数,C 为进位输入,则该电路实现了全加器的功能,电路输出 F_1 为本位和,F_2 为向高位的进位。

3. 根据阵列逻辑图可写出激励函数表达式如下:

$$T_3 = \overline{y_3}y_2 + y_3\overline{y_2}$$

$$T_2 = \overline{y_2}y_1 + y_2\overline{y_1}$$

$$T_1 = \overline{x}y_1 + x\overline{y_1}$$

根据激励函数表达式和 T 触发器功能表,可作出该电路的状态表如表 8.4 所示。由此可见,该电路是一个 3 位串行输入移位寄存器。

表 8.4 状态表

现态			次态 $y_3^{n+1}y_2^{n+1}y_1^{n+1}$/输出 Z					
y_3	y_2	y_1	x=0			x=1		
0	0	0	0	0	0	0	0	1
0	0	1	0	1	0	0	1	1
0	1	0	1	0	0	1	0	1
0	1	1	1	1	0	1	1	1
1	0	0	0	0	0	0	0	1
1	0	1	0	1	0	0	1	1
1	1	0	1	0	0	1	0	1
1	1	1	1	1	0	1	1	1

4. 该电路激励函数和输出函数表达式如下:

$$D_2 = x\overline{y_2}y_1 + xy_2\overline{y_1} \qquad D_1 = x\overline{y_2}\,\overline{y_1} + xy_2y_1$$

$$Z = xy_2\overline{y_1}$$

状态表如表 8.5 所示,状态图如图 8.19 所示。由状态图可知,该电路为一个"111…"序列检测器。

表 8.5 状态表

现态		次态 $y_2^{n+1} y_1^{n+1}$/输出 Z	
y_2	y_1	$x=0$	$x=1$
0	0	00/0	01/0
0	1	00/0	10/0
1	0	00/0	10/1
1	1	00/0	01/0

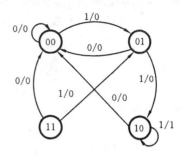

图 8.19 状态图

5. 输出函数表达式如下:

$$F_1 = \overline{A_1}\,\overline{B_1}C_0 + \overline{A_1}B_1\,\overline{C_0} + A_1\,\overline{B_1}\,\overline{C_0} + A_1 B_1 C_0$$
$$C_1 = A_1 B_1 + A_1 C_0 + B_1 C_0$$
$$F_2 = \overline{A_2}\,\overline{B_2}C_1 + \overline{A_2}B_2\,\overline{C_1} + A_2\,\overline{B_2}\,\overline{C_1} + A_2 B_2 C_1$$
$$C_2 = A_2 B_2 + A_2 C_1 + B_2 C_1$$
$$F_3 = \overline{A_3}\,\overline{B_3}C_2 + \overline{A_3}B_3\,\overline{C_2} + A_3\,\overline{B_3}\,\overline{C_2} + A_3 B_3 C_2$$
$$C_3 = A_3 B_3 + A_3 C_2 + B_3 C_2$$
$$F_4 = \overline{A_4}\,\overline{B_4}C_3 + \overline{A_4}B_4\,\overline{C_3} + A_4\,\overline{B_4}\,\overline{C_3} + A_4 B_4 C_3$$
$$C_4 = A_4 B_4 + A_4 C_3 + B_4 C_3$$

由此可见,该电路实现 4 位并行加法器功能。$F_4 F_3 F_2 F_1$ 为 $A_4 A_3 A_2 A_1$ 与 $B_4 B_3 B_2 B_1$ 相加产生的和,C_0 为最低位的进位输入,C_1、C_2、C_3、C_4 为各位相加产生的进位。

五、设计题

1. 设 3 位二进制数为 $A_2 A_1 A_0$,其平方的二进制数为 $B_5 B_4 B_3 B_2 B_1 B_0$,可得

$$B_5(A_2,A_1,A_0) = \sum m(6,7)$$
$$B_4(A_2,A_1,A_0) = \sum m(4,5,7)$$
$$B_3(A_2,A_1,A_0) = \sum m(3,5)$$
$$B_2(A_2,A_1,A_0) = \sum m(2,6)$$
$$B_1 = 0$$
$$B_0 = A_0$$

由输出函数表达式可知,所需 ROM 容量为 $2^3 \times 4b$,其阵列逻辑图如图 8.20 所示。

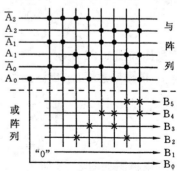

图 8.20 PROM 阵列图

2. 设 A_0 和 B_0 相加产生的进位为 C_L,根据加法运算法则可列出两个低位相加和两个高位相加的真值表(略),由真值表可得到如下输出函数表达式:

$$S_0 = \overline{A_0}B_0 + A_0\overline{B_0}$$

$$C_L = A_0 B_0$$

$$S_1 = \overline{A_1}\,\overline{B_1}C_L + \overline{A_1}B_1\overline{C_L} + A_1\overline{B_1}\,\overline{C_L} + A_1 B_1 C_L$$

$$C = A_1 B_1 + A_1 C_L + B_1 C_L$$

根据输出函数表达式可画出 PLA 阵列图如图 8.21 所示。

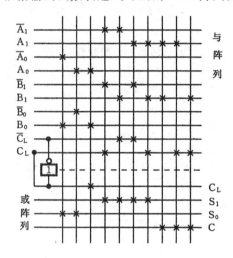
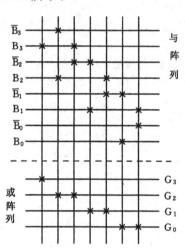

图 8.21 PLA 阵列图　　　　　图 8.22 PLA 阵列图

3. 设 4 位二进制码为 $B_3 B_2 B_1 B_0$,4 位 Gray 码为 $G_3 G_2 G_1 G_0$,根据二进制码与 Gray 码的转换法则可写出电路输出函数表达式如下:

$$G_3 = B_3$$

$$G_2 = B_3 \oplus B_2 = \overline{B_3}B_2 + B_3\overline{B_2}$$

$$G_1 = B_2 \oplus B_1 = \overline{B_2}B_1 + B_2\overline{B_1}$$

$$G_0 = B_1 \oplus B_0 = \overline{B_1}B_0 + B_1\overline{B_0}$$

其阵列图如图 8.22 所示。

4. 根据题意,可求出激励函数和输出函数表达式如下:

$$D_2 = xy_1 + \overline{x}\,\overline{y_2}\,\overline{y_1}$$

$$D_1 = \overline{x}y_2 + x\,\overline{y_2}\,\overline{y_1}$$

$$Z = xy_2\,\overline{y_1} + \overline{x}\,\overline{y_2}\,\overline{y_1}$$

其阵列逻辑图如图 8.23 所示。

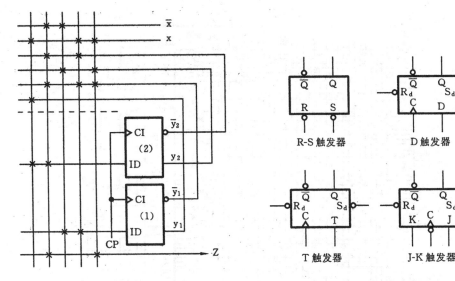

图 8.23 阵列逻辑图   图 8.24 触发器逻辑符号

5. 4 种触发器的逻辑符号如图 8.24 所示。各触发器的输出方程分别如下：

R-S 触发器　　$Q_{RS}^{n+1} = \overline{S} + RQ$

$\overline{Q}_{RS}^{n+1} = \overline{R} + S\,\overline{Q}$

D 触发器　　$Q_D^{n+1} = \overline{S}_d + R_d \cdot D$

$\overline{Q}_D^{n+1} = \overline{R}_d + S_d \cdot \overline{D}$

T 触发器　　$Q_T^{n+1} = \overline{S}_d + R_d \cdot \overline{T} \cdot Q + R_d \cdot T \cdot \overline{Q}$

$\overline{Q}_T^{n+1} = \overline{R}_d + S_d \cdot \overline{T} \cdot \overline{Q} + S_d \cdot T \cdot Q$

J-K 触发器　$Q_{JK}^{n+1} = \overline{S}_d + R_d \cdot J \cdot \overline{Q} + R_d \cdot \overline{K} \cdot Q$

$\overline{Q}_{JK}^{n+1} = \overline{R}_d + S_d \cdot \overline{J} \cdot \overline{Q} + S_d \cdot K \cdot Q$

假定采用 GAL16V8 实现 4 种触发器功能的引脚分配如图 8.25 所示，根据触发器输出方程，可画出 GAL16V8 的阵列逻辑图如图 8.26 所示。

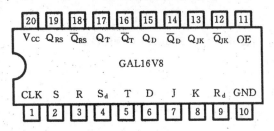

图 8.25 引脚分配

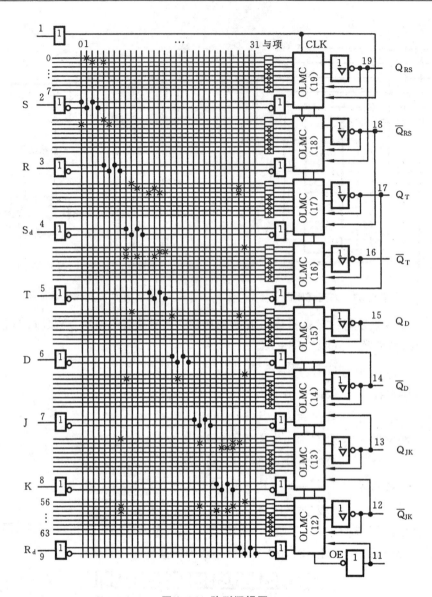

图 8.26 阵列逻辑图

第 9 章

模拟试题及解答

模拟试卷 I

一、填空题

1. 二进制数 10111111 对应的八进制数为_____,十进制数为_____。

2. 十进制数 1088 对应的二进制数为_____,十六进制数为_____。

3. 余 3 码 10010111 对应的二进制数为_____,十进制数为_____。

4. 2 输入与非门的输入为 01 时,输出为_____;2 输入或非门的输入为 01 时,输出为_____。

5. 由与非门构成的基本 R-S 触发器,其约束方程为_____;由或非门构成的基本 R-S 触发器,其约束方程为_____。

6. 逻辑函数 $F(A,B,C,D) = A\overline{B}D + B\overline{D} + AD + \overline{C}\overline{D} + \overline{B}C\overline{D}$ 的最简与或式为 $F(A,B,C,D) =$ _____,标准与或式为 $F(A,B,C,D) = \sum m($_____$)$。

7. 构造一个模 10 同步计数器需要_____个状态,需要_____个触发器。

8. Mealy 型时序逻辑电路的输出是_____的函数,Moore 型时序逻辑电路的输出是_____的函数。

9. 脉冲异步时序逻辑电路不允许两个或两个以上输入端_____;电平异步时序逻辑电路不允许两个或两个以上输入端_____。

10. 用 PROM 实现全加器功能时,要求容量为_____b;实现 4 位并行加法器 74283 功能时,要求容量为_____b。

二、选择题

从下列各题的 4 个备选答案中选出 1 个或多个正确答案,并将其代号填在括号内。

1. 补码 1.1000 的真值为(　　)。

A. $+1.1000$ B. -1.1000
C. -0.1000 D. -0.0001

2. 逻辑函数 $F=A\odot B$ 可表示成（　　）。
   A. $F=\overline{A}B+A\overline{B}$ B. $F=\overline{A}\overline{B}+AB$
   C. $F=\overline{A\oplus B}$ D. $F=A\oplus B\oplus 1$

3. 要使 J-K 触发器在时钟脉冲作用下的次态与现态相反，J-K 的取值应为（　　）。
   A. 00 B. 11
   C. 01 D. 01 或 10

4. 实现两个 4 位二进制数相乘的组合电路，其输入输出端个数应为（　　）。
   A. 4 入 4 出 B. 8 入 8 出
   C. 8 入 4 出 D. 8 入 5 出

5. PROM、PLA 和 PAL 三种可编程器件中，（　　）是可编程的。
   A. PROM 的或门阵列 B. PAL 的与门阵列
   C. PLA 的与门阵列和或门阵列 D. PROM 的与门阵列

6. 下列中规模通用集成电路中，（　　）属于组合逻辑电路。
   A. 4 位计数器 74193 B. 4 位并行加法器 74283
   C. 4 位寄存器 74194 D. 4 路数据选择器 74153

三、判断改错题

判断下列各题正误，正确的在括号内记"√"，错误的在括号内记"×"并改正。

1. 若奇偶检验码 $PB_4B_3B_2B_1$ 中的 $P=B_4\oplus B_3\oplus B_2\oplus B_1$，则采用的是偶检验编码方式。　　　　　　　　　　　　　　　　　　　　　　　　（　　）

2. 组合逻辑电路中的竞争与险象是由于逻辑设计错误引起的。　（　　）

3. 等效状态与相容状态均具备传递性。　　　　　　　　　　　（　　）

4. 设计多位并行加法器时，采用先行进位方法的目的是提高运算速度。
   　　　　　　　　　　　　　　　　　　　　　　　　　　（　　）

5. 电平异步时序逻辑电路中，n 个状态变量对应着 n 条反馈回路。（　　）

6. GAL16V8 结构控制字中的 SYN=1 时，GAL 为一个纯粹的组合逻辑器件。　　　　　　　　　　　　　　　　　　　　　　　　　　　（　　）

7. ISP 技术的特点是将编程器安装在系统上实现对 ISP 器件的编程。
   　　　　　　　　　　　　　　　　　　　　　　　　　　（　　）

8. 在 ispLSI1016 芯片中，通过对 ORP 编程可使 GLB 和 IOC 建立一一对应关系。　　　　　　　　　　　　　　　　　　　　　　　　　　（　　）

四、判断说明题

判断图 9.1(a)、(b)所示逻辑电路。

(1) 指出哪个是组合逻辑电路,哪个是电平异步时序逻辑电路,并说明理由。

(2) 写出组合逻辑电路的输出函数表达式,说明电路功能。

(3) 作出电平异步时序逻辑电路的流程表,判断该电路是否存在反馈回路间的竞争,并说明理由。

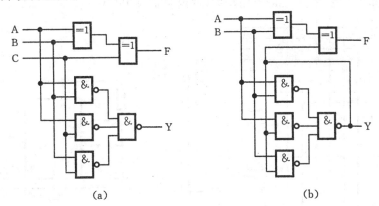

图 9.1 逻辑电路

五、分析题

1. 分析图 9.2(a)、(b)所示电路,写出输出函数表达式。

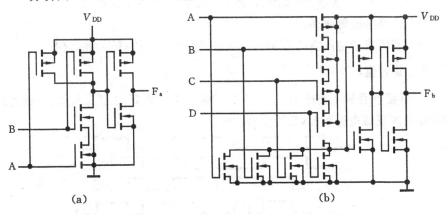

图 9.2 电路图

2. 图 9.3(a)所示电路中的触发器为主从 J-K 触发器,其输入信号 CP 和 D 的波形如图 9.3(b)所示。设触发器初态为 0,试画出 Q 端的输出波形。

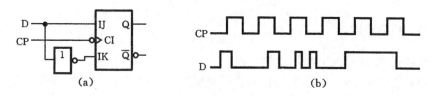

图 9.3 逻辑图及输入波形图

3. 图 9.4 所示电路为用 PLA 和 D 触发器构成的同步时序逻辑电路。试分析该电路,作出状态图,并说明电路功能(假定初态为"00")。

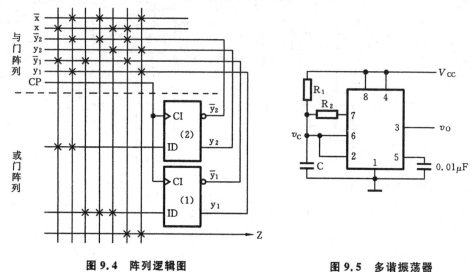

图 9.4 阵列逻辑图   图 9.5 多谐振荡器

4. 分析图 9.5 所示由集成定时器 5G555 构成的多谐振荡器。
(1) 计算其振荡周期;
(2) 若要求产生占空比为 50% 的方波,R_1 和 R_2 的取值关系如何?

六、设计题

1. 某组合逻辑电路输入 A、B、C、D 和输出 F 的波形如图 9.6 所示,试用最少的与非门实现该电路功能(无反变量输入)。

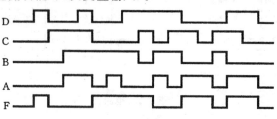

图 9.6 波形图

2. 某同步时序电路为一个"1101"序列检测器,其典型输入、输出序列如下:

输入 x　0　1　0　1　1　0　1　1　0　1　1　1

输出 Z　0　0　0　0　0　0　1　0　0　1　0　0

要求:(1) 画出最简的 Mealy 型状态图;

(2) 画出最简的 Moore 型状态图;

(3) 请回答构造实现给定功能的 Mealy 型电路和 Moore 型电路各需几个触发器?

3. 用两个 4 位二进制并行加法器 74283 实现 2 位十进制数的 8421 码到二进制数的转换。

模拟试卷 I 解答

一、填空题

1. 二进制数 10111111 对应的八进制数为<u>277</u>,十进制数为<u>191</u>。

2. 十进制数 1088 对应的二进制数为<u>10001000000</u>,十六进制数为<u>440</u>。

3. 余 3 码 10010111 对应的二进制数为<u>1000000</u>,十进制数为<u>64</u>。

4. 2 输入与非门的输入为 01 时,输出为<u>1</u>;2 输入或非门的输入为 01 时,输出为<u>0</u>。

5. 由与非门构成的基本 RS 触发器,其约束方程为<u>R+S=1</u>;由或非门构成的基本 RS 触发器,其约束方程为<u>R·S=0</u>。

6. 逻辑函数 $F(A,B,C,D)=A\overline{B}D+B\overline{D}+AD+\overline{C}\overline{D}+BC\overline{D}$ 的最简与或表达式为 $F(A,B,C,D)=\underline{A+\overline{D}}$,标准与或表达式为 $F(A,B,C,D)=\sum m\underline{(0,2,4,6,8\sim15)}$。

7. 构造一个模 10 同步计数器需要<u>10</u> 个状态,需要<u>4</u> 个触发器。

8. Mealy 型时序逻辑电路的输出是输入和状态的<u>函数</u>,Moore 型时序逻辑电路的输出是状态的函数。

9. 脉冲异步时序逻辑电路不允许两个或两个以上输入端<u>同时出现脉冲</u>;电平异步时序逻辑电路不允许两个或两个以上输入端<u>同时变化</u>。

10. 用 PROM 实现全加器功能时,要求容量为 $\underline{2^3 \times 2}$b;实现 4 位并行加法器 74283 功能时,要求容量为 $\underline{2^9 \times 5}$b。

二、选择题

1. C　　2. B,C,D　　3. B　　4. B　　5. A,B,C　　6. B,D

三、判断改错题

1. √
2. × 组合逻辑电路中的竞争与险象是由于电路中的时延引起的。
3. × 等效状态具备传递性,相容状态不具备传递性。
4. √
5. √
6. √
7. × ISP 技术的特点是不需要使用编程器。
8. × 在 ispLSI1016 芯片中,通过对 ORP 编程,可使 GLB 和 IOC 之间实现任意连接,不存在——对应关系。

四、判断说明题

(1) 图 9.1(a)所示的是组合逻辑电路,因为该电路由逻辑门构成且不含反馈回路;而图 9.1(b)所示的是电平异步时序逻辑电路,因为该电路尽管是由逻辑门构成的,但电路中带有反馈回路,具有记忆功能。

(2) $F = A \oplus B \oplus C$

$Y = AB + AC + BC$

该电路可实现全加器功能,图中 A、B 为两个 1 位二进制数,C 为来自低位的进位;F 为相加产生的本位"和",Y 为相加后向高位产生的进位。

(3) 流程表如表 9.1 所示。

表 9.1

二次状态 y	激励状态 Y/输出 F			
	AB=00	AB=01	AB=11	AB=10
0	⓪/0	⓪/1	1/0	⓪/1
1	0/1	①/0	①/1	①/0

该电路不存在反馈回路间的竞争,因为只有一条反馈回路。

五、分析题

1. $F_a = AB$

   $F_b = \overline{A + B + C + D}$

2. 该电路在给定输入信号作用下的输出波形如图 9.7 所示。

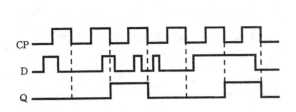
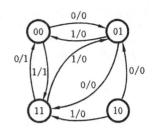

图 9.7 波形图　　　　　图 9.8 状态图

3. 该电路状态图如图 9.8 所示。由图可知,该电路为一个按 Gray 码进行计数的三进制可逆计数器。当 x=0 时,进行加 1 计数,Z 为进位信号;当 x=1 时,进行减 1 计数,Z 为借位信号。

4. (1) 振荡周期为

$$T_W = 0.7(R_1 + R_2)C$$

(2) 当 $R_1 = R_2$ 时,占空比为 50%。

六、设计题

1. $F = A\,\overline{BC}\,\overline{ABD} + B\,\overline{BC}\,\overline{ABD} + D\,\overline{BC}\,\overline{ABD}$

$= \overline{\overline{A\,\overline{BC}\cdot\overline{ABD}\cdot B\,\overline{BC}\,\overline{ABD}\,D\,\overline{BC}\,\overline{ABD}}}$

(逻辑电路图略)

2. (1) 最简 Mealy 型状态图如图 9.9(a)所示(初态为 A)。

(2) 最简 Moore 型状态图如图 9.9(b)所示(初态为 A)。

(3) Mealy 型电路需要两个触发器,Moore 型电路需要 3 个触发器。

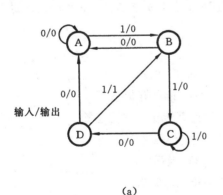
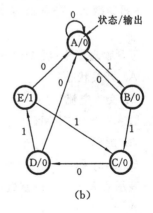

(a)　　　　　　　　　　(b)

图 9.9 状态图

3. 设 2 位十进制数的 8421 码为 $D_{80}D_{40}D_{20}D_{10}D_8D_4D_2D_1$,其对应的二进制数

为 $B_6B_5B_4B_3B_2B_1B_0$,两者应满足如下算术表达式:
$$B_6B_5B_4B_3B_2B_1B_0 = D_{80}D_{40}D_{20}D_{10} \times 1010 + D_8D_4D_2D_1$$
用两个 4 位并行加法器实现该算术运算的逻辑电路如图 9.10 所示。

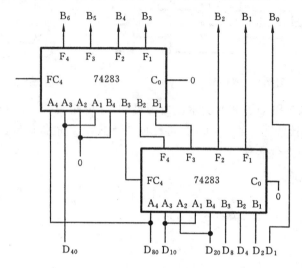

图 9.10　逻辑电路

模拟试卷 Ⅱ

一、选择题

从下列各题的 4 个备选答案中选出 1 个或多个正确答案,并将其代号写在括号内。

1. 下列物理量中,属于数字量的有(　　)。
   A. 开关状态　　　　　　　　B. 温度
   C. 交流电流　　　　　　　　D. 指示灯状态

2. 数字系统中,采用(　　)可以将减法运算转化为加法运算。
   A. 原码　　　　　　　　　　B. 补码
   C. Gray 码　　　　　　　　　D. 反码

3. 表示最大 3 位十进制数,需要(　　)位二进制数。
   A. 8　　　　　　　　　　　　B. 9
   C. 10　　　　　　　　　　　 D. 12

4. 十进制数 555 的余 3 码为(　　)。

A. 101101101　　　　　　　　B. 010101010101
   C. 100010001000　　　　　　D. 010101011000
5. 下列逻辑门中,(　　)属于通用逻辑门。
   A. 与非门　　　　　　　　　B. 或非门
   C. 或门　　　　　　　　　　D. 与或非门
6. 下列触发器中,(　　)可作为同步时序逻辑电路的记忆元件。
   A. D 触发器　　　　　　　　B. J-K 触发器
   C. T 触发器　　　　　　　　D. 基本 RS 触发器
7. 在图 9.11 所示 TTL 电路中,电路(　　)的输出为高电平。

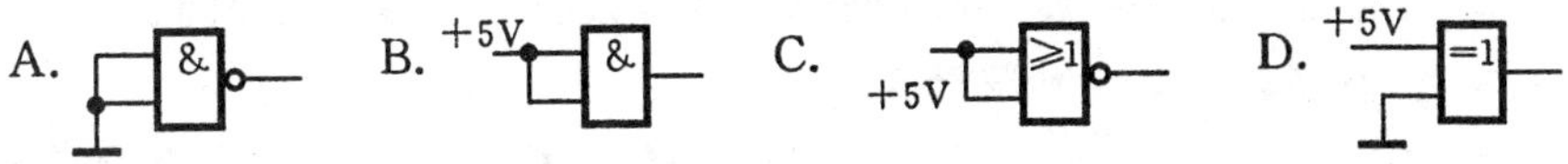

   A.　　　　　B. +5V　　　　C. +5V　　　　D. +5V

图 9.11　逻辑门电路

8. n 个变量构成的最小项 m_i 和最大项 M_i 之间,满足关系(　　)。
   A. $m_i = M_i$　　　　　　　　B. $m_i = \overline{M_i}$
   C. $m_i + M_i = 1$　　　　　　D. $m_i \cdot M_i = 1$
9. 完全确定原始状态表中的 5 个状态 A、B、C、D、E,若有等效对 A 和 B,B 和 D,C 和 E,则最简状态表中只含(　　)个状态。
   A. 2　　　　　　　　　　　　B. 3
   C. 1　　　　　　　　　　　　D. 4
10. 设计一个 8421 码加 1 计数器,至少需要(　　)触发器。
   A. 3 个　　　　　　　　　　B. 4 个
   C. 6 个　　　　　　　　　　D. 10 个

二、填空题

1. 数字逻辑电路可分为_____和_____两大类。
2. 逻辑函数 $F(A,B,C) = A \oplus B \oplus C$ 的标准与或式为 $F(A,B,C) = \sum m(_____)$,标准或与式为 $F(A,B,C) = \prod M(_____)$。
3. 在定点计算机中,"0"的原码有_____种形式,补码有_____种形式。
4. 十进制数 128 的二进制数为_____,十六进制数为_____。
5. 消除组合逻辑电路中险象的常用方法有_____、_____和_____。
6. T 触发器在时钟作用下的次态 Q^{n+1} 取决于_____,其次态方程为_____。

7. A/D 转换器的主要技术参数有_____、_____和_____。

8. 集成定时器 5G555 是由_____、_____、_____、_____和_____5 个部分组成的。

9. PROM 的_____阵列是可编程的，_____阵列是固定的。

10. 常用的 ISP 器件有_____、_____和_____3 种类型。

三、判断改错题

判断下列各题正误，正确的在括号内记"√"，错误的记"×"并改正。

1. 由逻辑门构成的电路一定是组合逻辑电路。（　　）
2. 由原始状态表中状态形成的各最大等效类之间不存在相同状态。（　　）
3. 三态逻辑门有 3 种逻辑值。（　　）
4. 图 9.12(a)、(b) 所示两个由 TTL 逻辑门构成的电路，其逻辑功能相同。

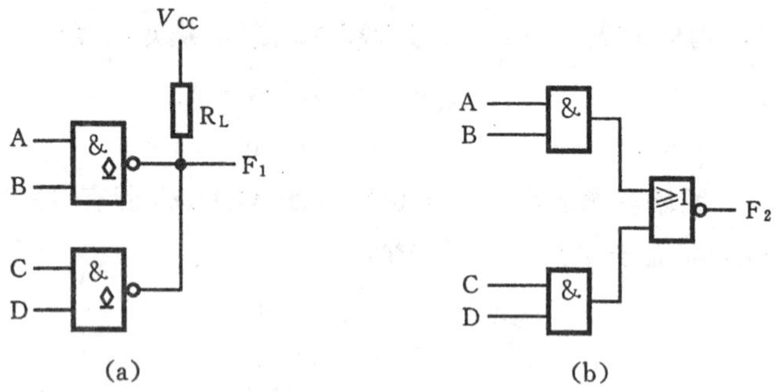

（　　）

图 9.12　逻辑电路

5. 采用串行加法器比采用并行加法器的运算速度快。（　　）
6. 一个 8 位 D/A 转换器分辨率的百分数为 8%。（　　）
7. 用一片 4 位同步可逆计数器 T4193 可构成模 $M \leqslant 16$ 的任意加 1，减 1 计数器。（　　）
8. 采用 GAL 芯片可实现各种组合逻辑电路和时序逻辑电路功能。（　　）

四、分析题

1. 分析图 9.13 所示逻辑电路。

(1) 写出输出函数表达式，说明电路功能。

(2) 画出用 PLA 实现该电路功能的阵列逻辑图。

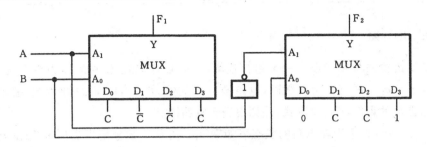

图 9.13 逻辑电路

2. 分析图 9.14 所示同步时序逻辑电路,作出状态表,说明该电路功能。

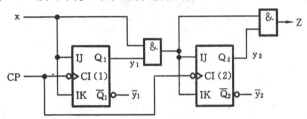

图 9.14 逻辑电路

3. 分析图 9.15(a)所示电路,并判断该电路属于同步时序电路还是异步时序电路? 假定初态为"00",x端和CP端的输入波形如图9.15(b)所示,试画出Q_1和Q_2的输出波形图。

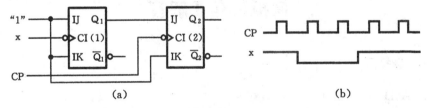

图 9.15 逻辑电路及输入波形图

4. 某电平异步时序逻辑电路的流程表如表 9.2 所示。试判断该电路中有几条反馈回路? 分析反馈回路间是否存在非临界竞争和临界竞争(说明理由)。

表 9.2 流程表

二次状态	激励状态 $Y_1 Y_2$/输出 Z			
$y_1 y_2$	$x_1 x_2 = 00$	$x_1 x_2 = 01$	$x_1 x_2 = 11$	$x_1 x_2 = 10$
00	⓪⓪/0	01/0	10/0	11/0
01	00/0	⓪①/0	10/0	11/0
11	00/0	①①/1	①①/1	①①/1
10	00/0	01/0	①⓪/0	11/0

五、设计题

1. 用最少的与非门设计一个组合逻辑电路,该电路输入 ABCD 为余 3 码,当 ABCD 表示的十进制数为合数时,电路输出 F 的值为 1,否则 F 的值为 0。要求写出输出函数的最简与或表达式,并画出逻辑电路图。

2. 某同步时序逻辑电路的状态表如表 9.3 所示。试分别求出用 D 触发器和 T 触发器作为存储元件实现给定功能的激励函数和输出函数最简表达式。试说明用这两种触发器作为存储元件组成的电路哪种简单?

表 9.3 状态表

现态 $y_2 y_1$	次态 $y_2^{n+1} y_1^{n+1}$/输出 Z	
	输入 x=0	输入 x=1
00	00/0	01/0
01	00/0	11/0
10	00/0	11/0
11	00/0	11/1

3. 用 4 位双向移位寄存器 74194 和适当的逻辑门设计一个序列发生器,其输出序列为 10100101(从右端开始依次输出各位)。

模拟试卷 Ⅱ 解答

一、选择题

1. A,D　　2. B,D　　3. C　　4. C　　5. A,B,D
6. A,B,C　　7. A,B,D　　8. B,C　　9. A　　10. B

二、填空题

1. 数字逻辑电路可分为<u>组合逻辑电路</u>和<u>时序逻辑电路</u>两大类。

2. 逻辑函数 $F(A,B,C) = A \oplus B \oplus C$ 的标准与或表达式为 $F(A,B,C) = \sum m$<u>(1,2,4,7)</u>,标准或与式为 $F(A,B,C) = \prod M$<u>(0,3,5,6)</u>。

3. 在定点计算机中,"0"的原码有<u>2</u>种形式,补码有<u>1</u>种形式。

4. 十进制数 128 的二进制数为<u>10000000</u>,十六进制数为<u>80</u>。

5. 消除组合逻辑电路中险象的常用方法有<u>增加冗余项</u>、<u>增加惯性时延环节</u>和<u>选通法</u>。

6. T 触发器在时钟作用下的次态 Q^{n+1} 取决于<u>现态 Q 和输入 T</u>,其次态方程为 $Q^{n+1}=T \oplus Q$。

7. A/D 转换器的主要技术参数有<u>分辨率</u>、<u>相对精度</u>和<u>转换时间</u>。

8. 集成定时器 5G555 是由<u>电阻分压器</u>、<u>电压比较器</u>、<u>基本 RS 触发器</u>、<u>放电三极管</u>和<u>输出缓冲器</u> 5 个部分组成的。

9. PROM 的<u>或</u>门阵列是可编程的,<u>与</u>门阵列是固定的。

10. 常用的 ISP 器件有 <u>ispLSI</u>、<u>ispGAL</u> 和 <u>ispGDS</u> 三种类型。

三、判断改错题

1. × 由逻辑门构成的电路如果不含反馈回路,则为组合逻辑电路。
2. √
3. × 三态逻辑门只有两种逻辑值。
4. √
5. × 采用串行加法器比采用并行加法器的运算速度慢。
6. × 一个 8 位 D/A 转换器分辨率百分数为 0.39%。
7. √
8. √

四、分析题

1. (1) $F_1 = \overline{A}\,\overline{B}C + \overline{A}B\,\overline{C} + A\,\overline{B}\,\overline{C} + ABC$

   $F_2 = \overline{A}\,\overline{B}C + \overline{A}B\,\overline{C} + \overline{A}BC + ABC$

   该电路实现全减器功能。

(2) 用 PLA 实现给定功能的阵列逻辑图如图 9.16 所示。

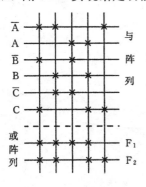

图 9.16 阵列逻辑图

表 9.4 状态表

现态 $y_2 y_1$	次态 $y_2^{n+1} y_1^{n+1}/Z$	
	x=0	x=1
00	00/0	01/0
01	01/0	10/0
10	10/0	11/0
11	11/0	00/1

2. 状态表如表9.4所示。该电路当x=0时,状态不变;当x=1时,为模4加1计数器,输出Z为进位输出信号。

3. 该电路属于异步时序电路,电路输入/输出波形如图9.17所示。

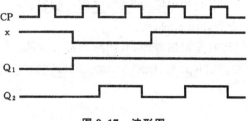

图 9.17　波形图

4. 该电路中含有两条反馈回路,分别对应着两个状态变量。两条反馈回路间存在非临界竞争,因为处在稳定总态(00,00)、输入由00变为10时,以及处在稳定总态(01,11)、输入由01变为00时,均引起两个状态变量同时改变,但由于所到达的列只有一个稳态,故属于非临界竞争;此外还存在临界竞争,因为处在稳定总态(01,01)、输入由01变为11,以及处在稳定总态(11,10)、输入由11变为01时,均引起两个状态同时改变,且所到达的列均有两个稳态。

五、设计题

1. 根据题意可求出输出函数的最简与或表达式为

$$F = AB + AD + BCD$$

用与非门实现该电路功能的逻辑电路图如图9.18所示。

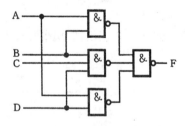

图 9.18　逻辑电路

2. 求出激励函数和输出函数表达式如下:

$D_2 = xy_2 + xy_1,$ $D_1 = x$

$T_2 = \bar{x}y_2 + x\bar{y_2}y_1,$ $T_1 = x \oplus y_1$

$Z = xy_1 y_0$

采用D触发器作为存储元件组成该电路比采用T触发器简单。

3. 根据题意,设74194输出端$Q_D Q_C Q_B Q_A$的初始状态为0101,Q_A作为序列信号输出端,反馈函数 F 与 74194 的右移串行输入端相连接。电路在时钟作用下的状态变化过程及反馈函数值如表 9.5 所示。

由表 9.5,可求出反馈函数表达式为

$$F = \overline{Q}_D\overline{Q}_CQ_B\overline{Q}_A + \overline{Q}_DQ_C\overline{Q}_B\overline{Q}_A + Q_D\overline{Q}_CQ_B\overline{Q}_A + \overline{Q}_DQ_CQ_B\overline{Q}_A$$
$$= \overline{Q}_DQ_C\overline{Q}_A + \overline{Q}_CQ_B\overline{Q}_A$$
$$= \overline{\overline{Q_D + Q_A}Q_C + \overline{Q_C + Q_A}Q_B}$$

根据反馈函数表达式和 74194 的功能表,可画出该序列发生器的逻辑电路,如图 9.19 所示。

表 9.5 状态变化表

CP	F(D_R)	Q_D	Q_C	Q_B	Q_A
0	0	0	1	0	1
1	1	0	0	1	0
2	0	1	0	0	1
3	1	0	1	0	0
4	1	1	0	1	0
5	0	1	1	0	1
6	1	0	1	1	0
7	0	1	0	1	1

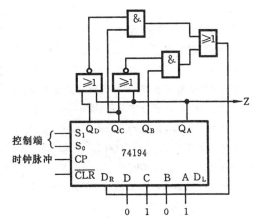

图 9.19 逻辑电路

参 考 文 献

1 欧阳星明主编. 数字逻辑. 第二版. 武汉:华中科技大学出版社,2005
2 王公望主编. 数字电子技术常见题型解析及模拟题. 西安:西北工业大学出版社,1999
3 唐竞新编. 数字电子技术基础解题指南. 北京:清华大学出版社,1994
4 白中英,杨春武主编. 数字逻辑与数字系统解题实验指导. 北京:科学出版社,1999
5 康华光主编. 电子技术基础(数字部分). 第四版. 北京:高等教育出版社,1999
6 Kenneth J. Breeding. Digital Design Fundamentals. 2nd Ed. Englewood Cliffs, New Jersey: Prentice-Hall International Inc,1992
7 Wilkinson, Barry. Digital System Design. 2nd. Ed. New York:Prentice-Hall Inc,1992
8 Garrod, Susan A. R. Digital Logic:Analysis, Application and Design. London:Saunders College Pub,1991